HAUKE BROST

# 111 Gründe, Hunde zu lieben

GOLDMANN
Lesen erleben

## Buch

Warum man seinen Hund über alles liebt? Ganz einfach. Weil er uns zeigt, was im Leben wirklich wichtig ist. Weil man sich den Fitnesstrainer spart. Weil Hunde die besten Zuhörer sind ... Bestsellerautor Hauke Brost, selbst Herrchen zweier pflichtbewusster Neufundländer sowie ehrenamtlicher Seebestatter für Hunde, beantwortet die Frage gleich 111 Mal. Und wer schon einen Hund besitzt, sagt 111 Mal: »Genauso ist es!« Wer sich noch einen Hund wünscht, der hat jetzt 111 gute Gründe, seinen Wunsch wahr werden zu lassen. Eine augenzwinkernde Liebeserklärung an alles, was vier Beine hat und bellt.


## Autor

Hauke Brost, geboren 1948, ist Chefreporter einer großen Boulevardzeitung. »Seine Spezialität ist es, der einen Hälfte der Menschheit die andere Hälfte zu erklären«, schrieb eine Zeitung über ihn. Seine Bücher »Wie Männer ticken« und »Wie Frauen ticken« wurden Bestseller. Auf den Hund kam Brost bereits in frühen Jahren. Ein Leben ohne Hund sei für ihn so unvorstellbar wie ein Leben ohne Kinder, sagt er rückblickend. Brost ist verheiratet, hat drei Söhne und zur Zeit zwei Hunde.

Im Goldmann Verlag ist von Hauke Brost außerdem erschienen:

111 Gründe, Katzen zu lieben (15667)
Wie Männer ticken (15443)
Wie Frauen ticken (15457)

# Hauke Brost

# 111 Gründe, Hunde zu lieben

Eine Liebeserklärung
an des Menschen
treuesten Freund

**GOLDMANN**

Verlagsgruppe Random House FSC-DEU-0100
Das FSC®-zertifizierte Papier *Holmen Book Cream* für dieses Buch
liefert Holmen Paper, Hallstavik, Schweden.


1. Auflage
Taschenbuchausgabe Februar 2012
Wilhelm Goldmann Verlag, München,
in der Verlagsgruppe Random House GmbH
Copyright © der Originalausgabe 2009
by Schwarzkopf & Schwarzkopf Verlag GmbH, Berlin
Umschlaggestaltung: UNO Werbeagentur, München
Umschlagfoto: FinePic, München
KF · Herstellung: Str.
Druck und Bindung: GGP Media GmbH, Pößneck
Printed in Germany
ISBN: 978-3-442-15668-9

www.goldmann-verlag.de

# Inhalt

## Statt des Vorworts: eine Warnung

Ich schreibe dieses Buch mit einem Lächeln. 111 Gründe, Hunde zu lieben: Was für ein Buchtitel! So positiv, so schön, so herzerwärmend. Eine durchgängige Liebeserklärung darf es werden. Eine Liebeserklärung an alles, was vier Beine hat und bellen kann.

Aber ganz so nett soll es nun doch nicht werden, dieses Hundebuch. Schließlich gibt es mindestens 111 gute Gründe, sich niemals einen Hund zuzulegen. (Ich werde die Formulierung »sich einen Hund anschaffen« konsequent vermeiden. Anschaffen kann man sich ein Auto, aber kein Lebewesen.)

Ich glaube, dass die meisten Menschen, die sich einen Hund zulegen, einen Fehler machen. Entweder sind sie mit dem Hund überfordert. Oder ihr Hund ist unterfordert (das ist sogar noch häufiger der Fall). Sie kaufen den Hund nach ihrem persönlichen Geschmack, zum Beispiel nach dem Äußeren oder weil sie schon als Kind von dieser Rasse geträumt haben. Sie fragen aber nicht danach, was die natürliche Bestimmung dieser Rasse ist.

Nehmen wir einmal als Beispiel den Modehund 2009, den Australian Shepherd. Ein ausgesprochen kluger, lernbegieriger, lauffreudiger (zugegebenermaßen auch ein bildschöner) Hütehund. Diese Rasse in einer Etagenwohnung zu halten und dreimal am Tag ums Viereck Gassi zu führen, ist ganz sicher nicht artgerecht. Dieser Hund muss laufen, laufen, laufen. Und vor allem: Er braucht, wenn er schon nicht hüten darf, immer neue Aufgaben. Er will gefordert sein. Wenn ich an der Hamburger Alster entlangspaziere und mir die Leute so ansehe mit ihren Vorzeige-Hunden, dann habe ich gewisse Bedenken.*

Es wäre also unverantwortlich, eine Liebeserklärung an das Leben mit Hund ohne Erwähnung der zahlreichen »Aber« zu schreiben. Das Leben mit einem Hund hat nämlich auch eine Menge Schattenseiten! Da werden finstere Flüche ausgestoßen. Da verwünscht man die schreckliche Töle und den Tag, an dem man sich auf sie eingelassen hat. Schweiß fließt in Strömen. Und manchmal fließt auch Blut. Ich möchte Ihnen ein bisschen erzählen von den vielen Kehrseiten, die das Leben mit einem Hund mit sich bringt. Ja, manchmal ist es ein »Hundeleben« …

*Manchmal* … bin ich ganz traurig. Dann muss ich daran denken, dass alle Hunde klüger sind als meine. Sie gehorchen auch besser. Und sie haben nicht so einen Dickkopf. Wenn man sie ruft, dann kommen sie sofort. Gelehrig sind sie und gar nicht stur. Sie freuen sich, wenn sie etwas Nahrhaftes zu fressen kriegen, und sie sind keine verwöhnten Gourmets. Sondern sie sind zufrieden mit dem, was die Hundefutterindustrie im Angebot hat. Sie benehmen sich anständig und wedeln mit dem Schwanz, wenn sie jemanden mögen. Meine Hunde legen sympathischen Besuchern stets die Pfoten auf die Schultern: »Na, Alter? Hübsches Jackett! Riecht lecker! Lass mal knabbern! Mhm!« Und ab damit in die Reinigung. Oder gleich auf die Mülle.

*Manchmal* … bin ich ganz verzweifelt. Dann schrecke ich aus dem Schlaf hoch und habe wieder einmal geträumt, dass sich mein Hund auf einem Rastplatz an der Autobahn von seiner Leine befreit hat und auf der Überholspur Fangen spielt.

---

* Protestbriefe von Australian-Shepherd-Menschenpartnern bitte direkt an meinen Verleger.

Das Blöde daran ist: Es ist kein Traum, sondern es ist passiert. Sie können sich vielleicht vorstellen, dass ein Erlebnis wie dieses auf Jahre für Schlafstörungen sorgt.

*Manchmal* … bin ich ganz sauer. Dann hasse ich diese vierbeinigen Ungeheuer und verfluche den Tag, an dem ich auf den Hund gekommen bin. Ohne könnte ich morgens ausschlafen und einfach so in Urlaub fliegen. Ich hätte ein sauberes Auto, ich müsste nachts nicht mehr durch den Regen laufen, ich müsste keine Zecken aus der Hundehaut drehen, ich hätte keine leeren Kack-Beutel mehr in der Jackentasche und keine vollen mehr in der Hand, und von den Kosten wollen wir mal gar nicht erst reden. Ja: Manchmal bin ich wirklich sauer auf meine Hunde.

Aber ist es mit der Liebe zwischen Menschen nicht genauso? Bevor man richtig glücklich wird, ist man wahlweise traurig, verzweifelt oder sauer. Da muss man durch. Das ist normal. Und dann wird eines Tages womöglich doch noch die »ganz große Liebe« draus. Im Übrigen gilt für Mensch / Mensch dasselbe wie für Mensch / Hund: »Drum prüfe, wer sich ewig bindet.«

Mein kleines, dickes Mäuschen ist gerade aufgewacht. Niemand kann sich genau daran erinnern, warum dieses 70 Kilo schwere junge Neufundländer-Ungetüm ausgerechnet »mein kleines, dickes Mäuschen« heißt. »Mein großes, dickes Ungeheuer« wäre passender, aber was soll's: Das »kleine, dicke Mäuschen« hebt den Kopf. Und da fällt mir schon der erste von 111 Gründen ein, warum man Hunde einfach lieben muss.

Hamburg, im Februar 2009
Hauke Brost
www.haukebrost.de

# KAPITEL 1

## Der Hund als solcher

## *Weil Rituale was Feines sind*

Herrlich durchgefroren. Die Nase rot. Die Haare zerzaust. Die Lungen voller Sauerstoff. Jetzt schnell ins Warme! Die klammen Klamotten vom Körper, rein in den dicken Schmuse-Pullover und die Heizung aufdrehen. Oder den Kamin anschmeißen, wenn man einen hat. Dann vielleicht einen Whisky oder einen heißen Tee? Ach, was ist das Leben schön.

Aber halt: Erst einmal müssen wir ihn trocknen. Er liebt das Abrubbeln, er streckt sich wohlig, und als intensivsten Ausdruck des Glücksgefühls niest er heftig, kurz und feucht. Haaatschi! Ist er kurzhaarig, geht das Abtrocknen ziemlich schnell. Ist er langhaarig, dauert es gut und gern zwanzig Minuten oder länger. Denn man trocknet ihn ja nicht nur, so wie man sich vielleicht die Menschenhaare trocknet. Man findet dabei auch allerlei, was er sich einfing unterwegs: Kletten zum Beispiel, die man so einfach nicht entfernen kann. Kleine Äste mit unangenehmen Widerhaken dran; da muss schon mal die Schere her. Allerlei Ungeziefer. Vielleicht auch eine Zecke oder zwei? Das alles ist ein Ritual. Es kostet zwar Zeit, aber es macht jeden Tag aufs Neue Spaß. Denn Rituale sind was Feines! Kinder lieben sie, Hunde haben sie. Nur wir Erwachsenen vergessen manchmal den Segen der festen Gewohnheiten.

Endlich ist er fertig. Bettreif, sozusagen. Alle viere streckt er von sich. Behäbig steht er auf. Je nach Rasse sucht er sich nun den kühlsten oder den wärmsten Platz. Er liebt vielleicht die nackte Unfreundlichkeit der Badezimmerfliesen oder den kuscheligen Platz an der Heizung. Auf jeden Fall – und auch das ist natürlich ein Ritual – wird er sich zweimal um die eigene Achse drehen, bevor er sich zur Ruhe legt. Jetzt ein Hundeknochen, das wäre schön. Natürlich kriegt er ihn, denn er war brav, hat alle seine Geschäfte erledigt und auch sonst relativ wenig Unfug getrieben. Ein schöner Tag neigt sich dem Ende zu. Im Halbschlaf schnarcht der liebe Köter vor sich hin, er dreht sich auf den Rücken und streckt die Beine in die Luft. Wachsam ist er trotzdem! Das leiseste Geräusch im Treppenhaus lässt ihn die Ohren spitzen. Wer will da was? Geht vorbei und schaut nicht rein, wird wohl nichts gewesen sein. Nun aber weiterschlafen. Ein wohliges Grunzen, ein tiefer Atemzug, und draußen gehen die Laternen an. Schlaf gut, lieber Hund. Ganz ehrlich: Dein feuchtes Fell, es stinkt wie Sau. Denn richtig trocken kriegt man es nie. Das ist der Duft des Lebens. Das Aroma der Natur. Ein »Eau de Koetèr«. Die Fliesen im Flur, sie trocknen von selbst. Wozu wischen? Morgen sehen sie doch wieder aus wie heute. Es macht einen so gelassen, einen Hund zu haben.

Wenn wir ihn anschauen, wie er da liegt und selig schläft, geht uns noch mehr durch den Kopf. Alle guten Eigenschaften dieser Welt vereint der Hund in sich: Genussfähigkeit und Treue, bedingungsloses Vertrauen und vollkommene Liebe. Tief atmet er durch und träumt. Die Läufe zucken im Schlaf. Wen mag er gerade jagen? Hase, Jogger, Ratte, Postbote: Träumen ist ja erlaubt. Nichts ist unmöglich. Nur ein Leben ohne Hund: Das ist fast unmöglich – für jeden, der mal einen hatte.

# Weil er diesen Dackelblick draufhat

Zu viel der Ehre für den Dackel! So treu und grundgut-bettelnd wie dieser kleine Rattenfänger guckt jeder Hund. Meiner ist soeben aufgewacht. Es ist nun Zeit für die allerletzte Runde, bevor sich auch der Mensch zur Ruhe legt. Das weiß der Hund genau. Was er uns aber sagen will, das sagen seine Augen. Es sind große braune Augen; und sie schauen erwartungsvoll und gespannt. Jetzt erhebt er sich schwerfällig, wie das seine Art ist. Er setzt sich brav vor mich hin und legt die rechte Pfote auf mein Knie. Er stupst an meine Jackentasche, wo stets ein Leckerli drin ist.

Och bitte, sei nicht so! Gib mir schon eins! Da ist er wieder, dieser Dackelblick. Dabei weiß er doch genau, dass es ohne getane Arbeit und ohne erfüllten Auftrag niemals ein Leckerli gibt. Und selbst dann nicht immer. Aber na ja: Versuchen darf man es doch mal! Oder? Listig legt er den Kopf schief. Der Gauner. Jetzt nimmt er die Pfote von meinem Knie, dreht mir demonstrativ den Rücken zu, legt sich wieder hin, setzt seine unnachahmliche Trauermiene auf und gibt ein wahrhaft herzergreifendes Schnaufen von sich. Hach, schade! Leider hat es nicht geklappt. Oder besser: Dieses Mal hat es nicht geklappt. Schon dreht er den Kopf nach hinten (zum Aufstehen ist er schon wieder viiiiel zu faul), er guckt von unten zu mir auf, und seine Augen sagen: Na du Mensch, ich krieg dich schon noch rum. Warte nur ab!

Du schaust dem Hund in die Augen, und du weißt, was er dir sagen will. Er braucht die Sprache nicht. Vielleicht hatten wir Menschen ja früher auch so ausdrucksvolle Augen wie der Hund? Dann haben wir es vielleicht nur *verlernt*, mit Blicken zu sprechen. Uns kam buchstäblich die Sprache dazwischen. So wie das Internet die Menschen vom Nachblättern in alten Schinken abhält, so hält uns die Sprache vom ausdrucksvollen Dreinschauen ab. Wären wir auf Blicke und Körpersprache angewiesen so wie der Hund, dann wäre jeder von uns ein genialer Schauspieler! Und das bringt uns direkt zu Grund Nr. 3.

# Weil er ein perfekter Schauspieler ist

Sie müssen gar keinen eigenen Hund haben. Sie müssen nur mal einen in Pflege nehmen. Und wenn es nur für einige Stunden ist. Dann merken Sie schon: Ausnahmslos jeder Hund ist ein oscarreifer Schauspieler. Egal, ob Promenadenmischung oder Rassehund: Sein ganzes Leben ist ein Theaterstück. Er selbst spielt natürlich die Hauptrolle. Im Publikum sitzt der Mensch. Und weil der Hund als Schauspieler perfekt ist, trifft er den Menschen direkt ins Herz.

Er kann uns zum Lachen bringen und zur Verzweiflung. Er kann uns glücklich und wütend machen. Er führt uns an der Nase herum, lässt uns mal schmusig sein und macht uns dann wieder aggressiv. Er fordert uns heraus, er lässt uns abblitzen, er unterwirft sich dem Publikum mit großer Geste, er reizt es mit lächerlichen Provokationen. Er lässt den Chef raushängen und gibt die Rolle des Naiven; er mimt den Komiker, den Tragikomischen, den Tragischen, den Loser, den Winner, den Beau, den Lover, den Helden, den sterbenden Schwan.

Wie er sich anschleicht, wenn er seinesgleichen trifft! Halb gierig, halb auf der Hut. Immer zur Flucht oder zum Angriff bereit. Oder zum friedlichen Spiel (je nachdem, wie dieses erste Abchecken ausfallen wird). Dazu müsste im Hintergrund eine Verdi-Oper ertönen: Die beiden Helden begegnen sich zum ersten Mal auf dem Schlachtfeld der Entscheidung. Vermutlich wird nur einer als Sieger heimkehren und um die Hand der schönen Prinzessin anhalten dürfen. Und mit des anderen Blut wird die Erde getränkt. Aber vielleicht werden sie ja auch Blutsbrüder, und beide verschmähen die Prinzessin – weil keiner den anderen kränken will?

Und wie er stutzt, wenn eine Situation ihm ungewohnt und seltsam vorkommt! Erst einmal hinsetzen. Dann nachdenken. Und dann sehen wir weiter. Nur nichts überstürzen: Hier haben wir den weisen Gralshüter mit den Narben der schmerzlichen Erkenntnis auf der Seele. Der muss sich nichts mehr beweisen. Er hat schon alles erlebt, sowie das Gegenteil davon. Er bewahrt die jungen hitzigen Hüpfer vor Fehlern, die nur die Jugend macht. Als Klangkulisse wählen wir dieses Mal Wagner: heroisch und getragen, schwülstig und tragisch zugleich.

Und wie er sich windet, wenn er ein schlechtes Gewissen hat! Plötzlich ist er nur noch halb so hoch, aber gelenkig wie eine Schlange. Die Ohren schleifen auf dem Boden, und hinten schleift der Schwanz hinterher. Als Mensch würde er theatralisch auf die Knie fallen und laut klagend um Gnade betteln. Shakespeare! Großes Theater! Danach dann die zwingend folgende Versöhnung, wenn er sich an Herrchens und Frauchens Beinen reibt: »Ich sei, gewährt mir die Bitte, in eurem Bunde der Dritte ...«

Warum haben wir eigentlich ein Abo fürs Stadttheater gekauft und ärgern uns letztendlich doch nur über geistlose Inszenierungen? Die schönste Bühne der Welt mit den besten Darstellern und den grandiosesten Handlungen ist die Hundewiese im Stadtpark. Als Schauspieler sind Hunde göttlich. Apropos Gott: siehe Grund Nr. 4.

# Weil Gott am siebten Tag den Hund schuf

Allein wegen seiner vollkommenen Mimik muss man den Hund lieben. Dieser herzzerreißende »Gib-mir-doch-endlich-ein-Leckerli-Blick«, von dem bereits die Rede war, ist ja nur einer von vielen Hundeblicken! Da gibt es den »Ich-hab-doch-gar-nichts-gemacht-Blick«: Die perfekte Unschuldsmiene nach dem Auf-frischer-Tat-ertappt-Werden, begleitet von der entsprechenden Körperhaltung. Scheinbar ist er mit seinen Gedanken ganz woanders. Nur nicht mehr an die Missetat erinnern und einfach so tun, als wäre nichts passiert! Kann ja sein, dass das Donnerwetter dieses Mal ausbleibt. Es fehlt nur noch, dass der Hund ein Liedchen pfeift: »Tralala, tralala, ich bin die Unschuld in Person!« Der Hund »guckt« nicht einfach nur mit den Augen, so wie wir Menschen das tun. Nein: Sein ganzer Körper ist ein einziges Gucken.

Ja, ja: Ich höre die Experten schon protestieren. Aber muss man immer so ganz korrekt sein? Also: Natürlich verhält es sich nicht ganz so wie beschrieben. Der Hund kennt eigentlich überhaupt kein Mienenspiel, ergo hat er auch keine unterschiedlichen Blicke drauf. Er kann weder grinsen noch arrogant oder abweisend sein. Zwar fletscht er manchmal wütend seine Zähne, aber das war es auch schon. Würde man alles vom Hund abdecken und nur seine Augenpartie freilegen, dann würde man ihn überhaupt nicht verstehen! Weil seine Augen, streng genommen, immer denselben Ausdruck haben. Um ganz korrekt zu sein, muss man also sagen: Der Hund drückt jede, wirklich jede Emotion per Körpersprache aus. Wir Menschen sagen: »Schau mal, wie er guckt!« Aber wir meinen: »Schau mal, was er uns mit seiner Körpersprache sagen will!« Hier, in diesem Kapitel, bleiben wir aber weiterhin beim Hunde*blick*. Auch wenn es vielleicht nicht ganz korrekt ist.

Denn es gibt ja auch noch diesen unwiderstehlichen »Kommst-du-mit-raus?-Blick«, begleitet von einem leisen Fiepen. Sehr beliebt, wenn er mal muss und nicht länger warten möchte. Quer durch die Wohnung höre ich seinen schweren Schritt näher kommen. Taps, taps, taps. Direkt vor meinem Schreibtisch bleibt er stehen, legt sich aber nicht hin. Kopf schief und zur Tür gucken, wieder auf mich, wieder zur Tür. Einige kleine Schritte rückwärts: »Na, was ist?« »Ja, wir gehen gleich«, sage ich. »Aber in Ruhe. Ich schreibe noch das Kapitel zu Ende, okay?« Plumps, da liegt er auf dem Boden, aber nicht ohne seinen »Na-gut-wenn's-sein-muss-Seufzer«.

Wissen Sie was? Der Mensch und sein Hund sprechen mitunter mehr miteinander als der Mensch und seine Frau.

Dann gibt es natürlich den »Gleich-tricks-ich-dich-aus-Blick«. Den kann man beobachten, kurz bevor der Hund seinen Koller kriegt. Er weiß genau, was er darf und was nicht. Aber manchmal kann er nicht anders. Dann gehen die Gäule mit ihm durch. Er braucht das hin und wieder. Dann muss er einfach ungezogen sein, es ist seine Show, er tobt wie wild durchs Gebüsch, er knurrt sein Herrchen an und zeigt ihm sogar rotzfrech die Zähne (!), er rempelt einen an und schlägt einen Purzelbaum und klaut sich was und rennt damit weg und stößt sich die Birne am nächsten Baum, weil er anstatt nach vorn nach hinten zu Herrchen geguckt hat (»Siehst du auch zu, wie toll ich bin?«). Jede Muskelfaser sagt: »Komm doch! Kriegst mich doch nicht! Ätschi-bätschi!« Aber wenn man die

Hand in die Tasche steckt, wo die Leckerlis drin sind, dann besinnt er sich und kommt harmlos pfeifend angedackelt, als könnte er kein Wässerchen trüben.

War was? Nö. Hat da jemand alle Regeln vergessen? Nicht, dass ich wüsste. Wer ist hier der Chef? Du Mensch natürlich, und ich habe es nie angezweifelt. Ich doch nicht! Ich bin ein braver Hund. Aber jetzt her mit dem Leckerli!

Nicht zu vergessen den »Bist-du-etwa-schlecht-drauf?-Blick«: wenn er einen trösten möchte. Dieser Hundeblick ist so voller selbstloser Liebe und Fürsorge! Erst jetzt glaubt man zu ahnen, was diese Worte eigentlich bedeuten: Selbstaufgabe. Hingabe. Treue. Und was es noch für schöne Worte gibt, deren wahre Bedeutung wir Menschen doch allzu oft vergessen. Der Hund kennt sie alle. Er lebt sie. Ohne Arg und Fehl.

Vielleicht stimmt es gar nicht, was in der Bibel steht! Der liebe Gott wollte zwar den perfekten Menschen schaffen und hatte sich dieses Projekt auch ganz bewusst für den Schluss aufgehoben. Als er aber am Ende des sechsten Tages der Schöpfungsgeschichte damit fertig war, stellte er fest, dass er ein bisschen schlampig gearbeitet hatte. Der liebe Gott sah sich das Ergebnis an, kratzte sich am Kopf und murmelte: »O Gott, das kannst du aber wirklich besser!« Dann, am siebten Tag, als er eigentlich ruhen wollte, schuf Gott den Hund. Und mit *dem* war er richtig zufrieden. Nur haben das die Chronisten später ein bisschen anders dargestellt ...

# Weil er uns unendlich liebt

Wahre Liebe erwartet nichts. Sie fordert nichts, sie fragt nichts, sie rechnet nichts auf. Sie ist einfach da, zu hundert Prozent, und wir können auf sie bauen. Gott liebt dich!, sagt die Bibel. Egal, was du machst. Er soll dein Vorbild sein.

Das ist eine schöne Botschaft, und vielleicht ist es ja so: Der liebe Gott hat mit voller Absicht einige seiner lobenswertesten Eigenschaften auf den Hund übertragen! Damit wir Menschen uns daran ein Beispiel nehmen können. Der Hund liebt auf jeden Fall genau so, wie es in der Bibel steht. Er erwartet nichts und fordert nichts. Er akzeptiert dich so, wie du bist. Und er stellt keine Bedingungen.

Das ist allerdings nicht immer zu seinem Vorteil. Schließlich gibt es genug Menschen, die ihre Hunde schlecht behandeln, sie schlagen und treten. Die Hunde laufen nicht weg, sie wehren sich nicht, sie himmeln ihren Herrn trotzdem an. Weil sie bedingungslos lieben. Bis hin zur Selbstaufgabe.

Hundeliebe kennt kein Ende. Das ist natürlich in solchen Fällen traurig. Man würde sich doch wünschen, dass derart schlecht behandelte Tiere ihre Besitzer beißen oder sich sonst irgendwie wehren oder wenigstens davonlaufen!

Diese Art der Liebe, die wir abschätzig »unterwürfig« nennen, passt so gar nicht in unser moralisches Denkschema. Es wäre ja auch verhängnisvoll, wenn wir von unseren Hunden diesbezüglich lernen würden. Eine Frau, die sich von ihrem brutalen Ehemann schlagen lässt, liebt bedingungslos und verhält sich deshalb so, wie der liebe Gott es gewollt hat? Natürlich nicht!

Aber der Hund ist nun einmal kein Mensch. Auch wenn wir dazu neigen, ihn zu »vermenschlichen«. Er ist weder moralisch noch unmoralisch. Er kennt überhaupt keine »Moral«. Sittliche Werte sind ihm fremd. Der Hund kennt nur seinen Platz. Und der ist an der Seite seines Menschen. Ohne Wenn und Aber. In guten wie in schlechten Zeiten.

Das macht ihn bewundernswert, aber es erweckt auch Mitleid; anderswo noch häufiger als bei uns. In vielen Kulturen hat der Hund nämlich einen sehr niedrigen sozialen Status. Wer viel in südlichen Ländern unterwegs ist, kennt die erbarmungswürdigen Bilder von halb verhungerten, verletzten und ungepflegten Hunden, die sich aus Mülltonnen ernähren müssen oder sogar ausgesetzt werden. Man begegnet ihnen bei Wanderungen im Hochgebirge oder beim Spaziergang in Bananenplantagen. Und diese Hunde hatten vielleicht noch Glück! Andere werden geschlagen oder auf einem Flachdach, das sie nie verlassen dürfen, der sengenden Sonne ausgesetzt. Man ertränkt den unerwünschten Nachwuchs oder erschlägt ihn mit dem Knüppel. Hunde, die der Zucht dienen und diesen Auftrag nicht mehr erfüllen können, werden aus fahrenden Autos geworfen oder irgendwo angekettet, bis sie verhungert sind. Der Hund ist manchmal ein armes Schwein.

## Weil er uns zu besseren Menschen macht

Da sitzt du nun abends bei Kerzenlicht und einem guten Scotch mit zwei Würfeln Eis auf deinem Lieblingsplatz, und der Hund liegt zu deinen Füßen auf seinem Lieblingsplatz, und ihr beide denkt so über dies und jenes nach. Das heißt: Du denkst, und der Hund träumt glücklich vor sich hin.

Du überlegst vielleicht gerade, wie deine Mutter dich eigentlich gern haben wollte. Damals, als du noch ein kleiner Junge warst. Und du kommst zu dem Ergebnis, dass es nicht so doll gelaufen ist mit dir. Du bist ein fieser Egozentriker geworden. Bindungsunfähig, missmutig, elitär und menschenscheu. Der Hund schaut zu dir auf, als wollte er sagen: »Was redest du da nur für einen Scheiß! Für mich bist du ein guter Mensch.«

Aber das siehst du nicht so. Der Hund hingegen, das ist ein guter Hund. Er ist so gut, wie man selbst werden sollte. So, wie Mama es gewollt hätte. Der Hund ist weder hinterhältig noch gemein. Er vertraut ohne Hintertür und Rücktrittsklausel. Er kämpft nur, wenn es sein muss. Ansonsten ist er friedlich und total ausgeglichen. Du solltest lernen von deinem Hund. Und wenig später, bei Whisky und Kerzenschein, da wirst du tatsächlich ein besserer Mensch. Wenn auch nur für diese eine Nacht.

# Weil kein Mensch so dankbar ist wie ein Hund

Viele meiner Hunde waren aus dem Heim. Alle bleiben mir unvergesslich. Aber einer verdient es besonders, an dieser Stelle erwähnt zu werden. Dieser Hund saß mit einer geradezu buddhistischen Gelassenheit in einer absolut apokalyptischen Umgebung. Links und rechts, vorn und hinten nur aggressive Kläffer, in Blickweite nur Gitter und Beton. Ohrenbetäubender Lärm, Gestank, vierbeinige Psychopathen, bleckende Gebisse, angekautes Eisen, überforderte Pfleger, kleine Boxen mit hartem Asphalt: Es war ein San Quentin für Hunde. Er saß nur so da in seiner Zelle und schenkte mir seinen »Hol-mich-hier-raus-Blick«. Der sagte: »Ich werde dich auch immer lieben.« Ich ging weiter. Seine Augen folgten mir. Er *wusste:* Der kommt zurück.

Man interpretiert ja gern etwas hinein in die Augen eines Hundes, in seine Körpersprache, in seine ganze Haltung. Aber wer sagt denn, dass man damit falsch liegt? Dieser Hund spürte instinktiv: Das ist meine Chance, und es kommt so bald keine neue. Da draußen vor dem Gitter, da steht ein Mensch, mit dem man leben könnte. Dem muss man dann aber auch dankbar sein. Konzentriere dich, Hund. Schau ihm hinterher. Lass ihn nicht aus den Augen. Der – oder keiner.

Ich schlenderte zurück und ließ diese Box aufschließen. Ich hatte keine Ahnung, wie lange er da schon drin war. Es war übrigens ein großer Hund. Ein sehr großer sogar. So groß, dass er nicht mehr so leicht zu vermitteln war.

Ich nahm ihn an die Leine, wir gingen eine Runde über die Wiese vom Tierheim, und er sah mich dabei unverwandt an. Ich sah ihn an. Er ging bei Fuß, er machte Platz, er zeigte sich wirklich von seiner besten Seite (später nicht mehr sooo …). Er wusste: Es ging ums Ganze. »Na?«, fragte er mit seinem unnachahmlichen Blick und stupste mich an: »Holst du mich raus?«

»Ja«, sagte ich. »Ich hol dich hier raus.«

Der Hund nickte, so wie nur ein Hund nicken kann. Er sagte: »Wenn du das wirklich machst, dann werde ich dich immer bedingungslos lieben dafür.« »Ja«, sagte ich zu dem Hund, »ich dich auch. Soweit ich das eben kann. Denn ich bin nur ein Mensch, und du bist ein Hund.«

Ich erledigte das Notwendige, wir fuhren zu mir nach Hause, der Hund schaute sich bedächtig meine Wohnung an und legte sich dann direkt an die Tür. So, als hätte er da schon immer gelegen. Er schnaufte und seufzte und fühlte sich wohl. Wenn ich ihn ansprach, wedelte er müde mit dem Schwanz. Für heute hatte er eigentlich genug Aufregung erlebt.

Eine Stunde später klingelte es bei mir; meine Waschmaschine war kaputt, und ich hatte den Service bestellt. Der Hund sprang auf, er zeigte die Zähne, er knurrte und ging in Hab-Acht-Stellung. Es war sein Zuhause. Er bewachte unser Reich. Hier wollte er leben.

Hallo? Der Hund war fremd! Noch gar nicht eingelebt! Keine Erfahrung! Neues Revier! Er hat es von der ersten Minute an bewacht. Er wusste: Ich jetzt hier, ich jetzt aufpassen, ich gleich Flagge zeigen. Mein Herrchen kenne ich erst seit einer Stunde, aber macht nix. Herrchen ist Herrchen. Klingeln blöd. Fremder kommt. Besser knurren. Gleich aufpassen. Ich auch beißen. Kein Problem. Herrchen sagt, Waschmaschine ist kaputt, und Fremder ist okay? Gut, dann ich wieder hinlegen.

Aber immer gucken, ob auch stimmt. Waschmaschine gern reparieren, aber dann fort mit ihm. Tür zu, Fremder weg, ich aufpassen. Am besten gleich wieder hinlegen vor Wohnungstür.

Und dabei schaute mich dieser einmalige Hund unverwandt an mit einer Hingabe, die ich niemals vergessen werde. Wenn ich aufs Klo ging, dann stand er auf und legte sich so hin, dass er mich wenigstens ein bisschen sehen konnte. Obwohl da wirklich nix Spannendes passierte auf dem Klo.

So lebten wir glücklich und zufrieden, bis er knapp vier Jahre später (er war inzwischen geschätzte elf oder zwölf Jahre alt, Genaueres war nicht bekannt) an einer akuten Magen*verschlingung* starb. Dass ich die Symptome in jener Nacht für eine akute Magen*verstimmung* gehalten hatte, das werde ich mir wohl nie verzeihen. Ruhe sanft, du guter Hund.

## Weil keiner uns derart gute Laune macht

Der Mensch liebt ja alles, was ihn zum Lachen bringt. Bei mir war das schon als Baby so. Meine vier älteren Schwestern pflegten die Backen aufzublasen und mir auf den nackten Babybauch zu pusten, und dabei brach ich regelmäßig in ein meckerndes, glückliches Lachen aus. Ich liebte sie dafür. Alle vier.

Als ich dann selbst laufen konnte, ging ich manchmal – kulturbeflissen, wie ich schon im zarten Alter von fünf Jahren war – in ein Theater. Dass der Kasper die Sache der Gerechtigkeit vertrat, war mir egal. Aber dass er so lustig war, verschaffte ihm meine spontane Sympathie. Und wenn er ständig über seinen Knüppel oder das Krokodil stolperte und einfach zu dämlich war, um den bösen Buben zu entdecken – »Nein, nicht da, Kasper! Andere Seite! Nein, da auch nicht!« –, dann liefen mir die Lachtränen übers Gesicht.

Später lernte ich dann, die Frauen zu verführen, und begriff recht schnell: Bring sie zum Lachen! Dann sind sie willig. Das klappte immer recht gut. Der Mensch hat ja recht wenig zu lachen. Es sei denn, er hat einen Hund.

Der Hund wacht morgens auf und hat bereits gute Laune. Er sieht Herrchen und Frauchen wie jeden Morgen mit Griesgram im Gesicht erwachen und möchte sie sofort umarmen. Er sieht die Leine, er weiß: Gleich geht es raus, und er pisst fast in den Flur vor Freude. Im Park kriegt er sich dann gar nicht mehr ein. Mit ungelenken Sprüngen rennt er jedem Vogel hinterher, holt Stöckchen, macht Männchen und explodiert dabei fast vor Lebenslust.

Ich hatte mal einen, der war sehr gut im Apportieren. Aber nur aus Bock sprang er stets über den geworfenen Ball hinweg, machte einen eleganten Purzelbaum und schnappte sich den Ball auf dem Rückweg in vollem Lauf, alle viere in der Luft. Das sah so lustig aus, dass sich mein schlaftrunkenes Gesicht spätestens in diesem Moment in ein fröhliches verwandelte. Die Welt sah plötzlich anders aus. Schöner und heller. Besser irgendwie. Ich bemerkte, dass Vögel zwitscherten, und erinnerte mich der Sympathie meines Chefs sowie der bevorstehenden Steuererstattung. Der Tag schien gut zu werden. Und diese Erkenntnis verdankte ich nur einem: meinem lustigen Hund.

## Weil sie so schön miteinander sprechen

Eine der schönsten Tier-Reportagen, die ich jemals sah, war auch eine der lustigsten. Darum ging es: Man hatte vor fünf wohlerzogene Hunde, die nebeneinander in einer Reihe Platz machen mussten, fünf leckere Würste gelegt. Die Hunde bekamen den ausdrücklichen Befehl, »Sitz« zu machen. Dann zogen ihre Menschen ab. Die Kamera lief; sie war in Höhe der Grashalme postiert und zeigte die fünf Hundegesichter von schräg unten in Großaufnahme. Was würde nun geschehen? Zwei Mischlinge, eine Dogge, ein Schäferhund und ein Polizeihund, dessen Rasse ich vergessen habe, saßen da nebeneinander. Sie hatten nichts zu tun, außer stur sitzen zu bleiben. Und vor ihnen, so ungefähr drei Meter weit entfernt, lagen fünf Würste im Gras. Eine Wurst für jeden.

Ihr Dialog mit Gesten und Augen war derart unvergleichlich lustig, dass ich diese Perle der Reportage gern noch einmal sehen würde. Der Sabber lief ihnen nur so herunter. Aber noch war der Gehorsam stärker als die Gier. Die Hunde fingen an, sich per Körpersprache zu unterhalten.

Der eine schaute sich um. »He, die sind weg! Wollen wir?« Der andere wandte sich demonstrativ ab und drehte ihm den Rücken zu, ohne die Wurst aus den Augen zu verlieren. »Du spinnst wohl.« Der dritte mischte sich ein und wand sich förmlich unter der Last dieser schweren Entscheidung. »Aber na ja, er hat nicht unrecht!« Wieder der zweite. »Kommt nicht in

Frage.« Der vierte schien eine neue Idee zu entwickeln. »Vielleicht wissen die gar nicht, dass die Würste da liegen?« Der fünfte: »Genau, dann merken sie auch nichts.« »Ihr Weicheier. Ich hole mir meine.« (Das war ausgerechnet der Polizeihund!!) Er legte sich auf den Bauch, sah sich fortwährend um, kroch wie ein Indianer auf dem Kriegspfad zur Wurst, schnappte sie sich und saß wieder kerzengerade da, und außer seinen heftigen Kaubewegungen war alles wie vorher. Woraufhin drei der anderen mit einem Riesensatz ebenfalls ihre Würste holten und nur einer der fünf stur sitzen blieb. Das war einer der beiden undefinierbaren Mischlinge.

So etwas Quasi-Menschliches sieht man selbst bei klugen Hunden nur sehr selten. Aber die Kunst der Körpersprache haben sie alle drauf. So, als wenn sie »richtig« sprechen könnten.

## Weil man stundenlang mit ihnen kuscheln kann

Manchmal sitze ich stundenlang auf dem Teppich und streichele meinen Hund. Ein kuscheligeres Wesen kann ich mir nicht vorstellen. Streicheln macht friedlich. Wenn alle Menschen Hunde hätten, dann gäbe es bestimmt weniger Kriege. Einen Hund zu streicheln, das setzt nämlich im Menschen positive Energien frei. Die Gedanken fließen beim Streicheln einfach schneller und sauberer. So wie ein schöner, kalter, klarer Bergbach. Sicher kann man das nicht verallgemeinern; auch fiese Zuhälter und Menschenhändler streicheln ihre Hunde, und sogar Hitler soll seinen geliebt haben. Aber wenn wir von solch abstoßenden Ausnahmen einmal absehen, sind Hundestreichler doch irgendwie die besseren Menschen.

Meistens spricht man ganz automatisch beim Streicheln mit dem Hund. Man sagt ihm irgendwelche lieben Worte, die einem von ganz alleine einfallen. Achten Sie mal drauf! Jeder, der seinen Hund streichelt, spricht dabei mit ihm. Man stellt ihm irgendwelche dämlichen Fragen wie zum Beispiel »Wie geht's uns denn heute?«, »Hast du schön gespielt?«, »Ja, magst denn gar nicht aufessen?«, »Hast schön geschlafen, gell?« oder »Ja, was haben wir denn da, eine Zecke!?«. So oder ähnlich spricht ein jeder Hundehalter mit seinem Hund, wenn er ihn streichelt.

Mal ehrlich: Wer täglich mehrere solcher einfältigen Sätze aneinanderreiht, ohne jemals auf eine Antwort zu warten oder gar eine zu bekommen, der ist bei Gott nicht gemeingefährlich!

Aber es ist natürlich falsch, dass der Hund *nicht antwortet.* Er liebt ja seinerseits nichts auf der Welt mehr, als zu kuscheln und gestreichelt und massiert und gekitzelt zu werden. Da ist sogar der wildeste Rüde ganz Frau. Und das zeigt er uns deutlicher als manch ein Mensch, den wir streicheln!

Der Hund kennt beim Kuscheln keine Uhr. Es wird ihm niemals langweilig dabei. Er reckt und streckt sich, gibt schmatzende Laute der totalen Zufriedenheit von sich, grunzt wie ein Schwein, seufzt wie eine Nonne, schnurrt wie ein Kater, saugt wie ein Baby, knabbert wie ein Eichhörnchen, brummt wie ein Bär, piepst wie ein Küken und legt sich als Krönung der erlebten Wellness auf den Rücken, um alle viere von sich zu strecken: Auch den Bauch bitte! Wie viele Männer wären glücklich, wenn sie auch bei ihren Frauen stets das Gefühl hätten, an der richtigen Stelle zu kuscheln!

Die Frau denkt vielleicht: Mein Ex konnte das aber besser. Der Hund denkt: Jaaaa, das ist gut. Aber, sorry, Hunde »denken« ja nicht. Sie fühlen dafür umso mehr und vor allem: Sie fühlen viel, viel intensiver als der Mensch.

## *Weil Hundeglück eine Droge ist*

Ich frage mich oft, was Glück eigentlich ist. Ich glaube, das hat sich jeder schon einmal gefragt. Man wüsste gern mehr darüber. Weil ich – vermutlich genauso wie Sie – kein Philosoph bin, muss ich es mit Beispielen erklären. Meistens sind es Beispiele aus meiner eigenen Geschichte. Also Erlebnisse aus der Erinnerung. Sie liegen einem so auf der Zunge. Ihnen auch, nicht wahr? Glück ist …

Als meine Kinder geboren wurden. Als ich von meiner Frau den ersten Kuss bekam. Als wir auf dem Leuchtturm von Pellworm geheiratet haben. Als wir diesen unvergleichlichen Sonnenuntergang auf Teneriffa erlebten. Als ich zum ersten Mal mit meinem Boot fehlerfrei anlegte. Als mein Internist sagte: »Definitiv kein Krebs.« Als mein Chef sagte: »Sie kriegen den Job.« Als mein Zahnarzt sagte: »Ausspülen, wir sind fertig«: All das sind Glücksmomente, die einem sofort einfallen. Es sind die klassischen Highlights des Lebens.

Aber wenn ich eine Ebene tiefer gehe, weg von den Highlights und mehr ins Detail, in das Alltagsglück, in die täglich lebenswichtige Trivialglücksdosis, die wir Menschen (allesamt Glücks-Junkies!) mindestens brauchen, um den Tag einen guten zu nennen: Dann kommt in diesen Erinnerungen meistens einer meiner Hunde vor.

Ein Hund ist der perfekte Dealer für diese »Trivialglücksdosis«. Genau die schenkt er uns. Täglich. Sein ganzes Leben lang. Es ist nichts Spektakuläres. Keine Schlagzeile in der Zeitung Ihres Lebens. Es ist einfach nur die Freude, die er zeigt, der kleine Erfolg, wenn er wider Erwarten etwas Nützliches gelernt hat. Seine Liebe gehört dazu, seine Ergebenheit, seine Treue, sein furchtloser Kampf, sein niedliches Gesicht, seine Dankbarkeit, sein Anschmiegen, sein Flirten. All das – ist Glück.

# KAPITEL 2

*Das bessere Wesen*

*Weil er in uns
die guten Seiten weckt*

Auch Sie haben gute Seiten. Das wissen Sie vielleicht gar nicht. Aber der Hund kann sie in Ihnen wecken. Als da wären: *freundlich sein!*

Wenn der Hund im Schweinsgalopp auf eine Oma zurennt, die angesichts der zähnefletschenden Töle binnen der nächsten zehn Sekunden am Infarkt dahinscheiden wird, und Sie rufen ihr fröhlich zu: »Der tut nix! Der will nur spielen!«, was natürlich stimmt, aber die Oma hört wohl schwer, oder sie mag es nicht glauben, oder sie hat eine Allergie gegen Hundehaare, jedenfalls entspannt Ihr fröhlicher Zuruf die Lage keineswegs: Was meinen Sie, wie *freundlich* Sie dann plötzlich sein können!

Und *kommunikativ sein!* Auf einem einzigen Hundespaziergang kommen Sie mit mehr Menschen ins Gespräch als ohne Hund im ganzen Jahr. Ein Hund ist ein noch besseres Kommunikations-Schmieröl als ein Baby im Kinderwagen, denn Babys sind ja meistens total zugedeckt. Deshalb könnte sich das Kompliment eines wildfremden Spaziergängers (»Och, ist der aber süß!«) allenfalls auf den Kinderwagen selbst beziehen, oder auf den diesen Kinderwagen schiebenden Vater, aber wohl kaum auf den Inhalt (des Kinderwagens), denn den sieht man beim Vorbeigehen ja gar nicht.

Anders ist es mit dem Hund. Den sieht man auch, wenn er ganz klein ist. Im Übrigen gilt: Je jünger der Hund, desto öfter wird man angequatscht. Welpen ersetzen die Kontaktanzeige.

Wir kommen später darauf zurück. Aber was ich sagen wollte: Also wenn ich Politiker wäre, ja? Ich würde auf jeden Marktplatz meinen Welpen mitnehmen und müsste keinen einzigen Wähler von mir überzeugen, sondern die Wähler würden mir hinterherlaufen und rufen: »Och, ist der aber süß!« Wäre mir doch egal, ob sie mich oder meinen Hund meinen! Hauptsache, sie wählen uns beide. Na ja. Mit Hund werden Sie jedenfalls ständig angequatscht. »Was für eine Rasse ist das denn? Wie alt? Wächst der noch?«

Und andere Hundehalter erst! Während sich die beiden Racker an den intimsten Stellen beschnuppern, wird über Futter und Hundeschulen diskutiert, über Leinenzwang und die neueste Hundemode. Nur eins wird Ihnen nicht gelingen: einfach so an den Leuten vorbeizugehen und Ihren eigenen Gedanken nachzuhängen. Denn aus irgendeinem Grund glaubt jeder Mensch, dass Hundehalter gern mit Fremden über ihre Hunde sprechen möchten.

Und *tolerant sein!* Wer einen großen Hund sein Eigen nennt und ihn immer brav an der Leine Gassi führt, der stößt an jeder Straßenecke auf kläffende Kleinköter, die natürlich keine Leine tragen und meinen, dass sie dem großen gefesselten Ungeheuer jetzt unbedingt mal an die Eier gehen müssen.

Das ist nicht so lustig, denn Ihr Hund vergisst in solchen Momenten alle guten Manieren und renkt Ihnen glatt den Arm aus. *Sie* haben einen guten Grund, den Hund an der Leine zu lassen. Die anderen Hundehalter interessiert das nicht so sehr.

Mit diesem unschuldigen »Ist-meiner-nicht-süß?-Blick« schauen sie dem Drama zu und freuen sich auch noch, wenn das niedliche Bonsai-Hündchen an Ihrem fast ausflippenden Bären hochspringt. Nichts gegen die Halter von kleinen Hunden! Nichts gegen kleine Hunde! Aber wenn einer an der Leine ist und der andere nicht, dann herrscht ein Ungleichgewicht.

Und dem Menschen am anderen Ende der Leine wird in solchen Situationen verdammt viel Toleranz abverlangt.

Und *aktiv sein!* Was waren Sie für ein fauler Hund, bevor Sie einen Hund bekamen! Hunde sind gar nicht faul. Der Spruch vom »faulen Hund« ist so falsch wie der vom »Dreckschwein«. Bewegung, Bewegung! Ab sofort sind Sie mindestens drei Stunden täglich an der frischen Luft! Sonst hätten Sie sich ja gar keinen Hund zugelegt. Aber lesen Sie mehr zu dem Thema im Kapitel mit der Gesundheit.

# Weil er uns milde stimmt

Es ist wohl allgemein bekannt, dass Hunde streng erzogen werden müssen. Sonst machen sie nämlich, was sie wollen. Na gut, zugegeben: Manche Hunde werden streng erzogen und machen trotzdem, was sie wollen. Ich gerate zufällig immer wieder an solche Hunde, aber das nur nebenbei. Zur strengen Erziehung gehört natürlich auch, dass Missetaten sofort, also unmittelbar nach der Tatausführung, zu ahnden sind. Pantoffel zerkaut, erwischt? »Marsch ab auf deinen Platz! Raus aus der Küche!« Das begreift der Hund. Er ist zerknirscht, und als Mensch hofft man, dass er etwas dazugelernt hat.

Was machen wir aber, wenn wir vom Einkaufen zurückkommen und bereits im Hausflur feststellen, dass wir wieder einmal die Tür zum Wohnzimmer offen gelassen haben? Und dass der Hund sich dort drinnen erst umgeschaut und dann die Pantoffeln entdeckt hat? Dass er sie offenbar mit einem Leckerli verwechselt und bis auf die Sohle gefressen hat?

In diesem Fall liegt die Missetat möglicherweise über eine Stunde zurück, und wir können jetzt nicht mehr erfolgreich strafen. Der Hund weiß ja nicht, für welche Missetat er bestraft wird, weil er derer vermutlich mehrere begangen hat, während wir abwesend waren (die anderen haben wir nur noch nicht entdeckt).

Ihn jetzt in die Ecke zu schicken bringt nix. Also müssen wir los und neue Pantoffeln besorgen, ohne dass unser Rechtsempfinden wiederhergestellt wäre. Und genau das stimmt uns milde: Die Wut verpufft, der Zorn läuft ins Leere. Es gibt keine Strafe, also gab es auch keine Tat. Wir möchten uns nicht mehr aufregen über etwas, das wir ohnehin nicht mehr ändern können. Wir wollen nicht am Magengeschwür sterben. Also sind wir milde.

Wer einen Hund sein Eigen nennt, der nimmt langsam Abschied von althergebrachtem Besitzdenken, vom Aufschrei »Aber das waren doch meine Lieblingspantoffeln!«, oder vom Klageruf »Ausgerechnet die chinesische Vase!«.

Man lernt, wie ein Hund zu fühlen. Woher soll der Arme wissen, dass er gerade auf Herrchens liebsten Freizeit-Tretern herumkaut und nicht auf zwei ausgelatschten, löcherigen, stinkenden Latschen, die nur durch Zufall noch nicht im Müll gelandet waren?

Woher soll er wissen, dass sein vor Freude staubwischender Schwanz soeben keine Billig-Kaffeetasse, sondern die tönerne Urne aus der Ming-Dynastie von der eigens dafür beim Antiquitätenhändler gekauften Marmorsäule gefegt hat? Das ist dem Hund egal. Schuh ist Schuh und die Urne auch nur ein Trinknapf unbekannter Herkunft. Wir können ihm, objektiv betrachtet, daraus keinen Vorwurf machen. Und deshalb gehört eine gewisse grundsätzliche Milde schon zu unseren herausragenden Eigenschaften, wenn der Hund noch nicht mal richtig stubenrein ist.

## Weil er aus jedem Deppen einen Philosophen macht

Der Hund hört einem immer zu. Man kann ihm jede absurde Theorie in aller Ruhe erklären, und es wird ihm niemals langweilig dabei. Man kann sogar denselben Scheiß zweimal erzählen, und er hört immer noch zu. Man kann dabei vom Hundertsten ins Tausendste kommen, und er wird niemals den Eindruck vermitteln, dass er den Faden verloren hat. Allenfalls wird er einschlafen oder zwischendurch auch mal schwerfällig aufstehen, um sich geruhsam zum Trinknapf zu begeben. Aber gleich danach wird er wieder auf dem Teppich liegen und mit wohligem Schnaufen signalisieren, dass man nun getrost weitersprechen darf.

Der Hund ist also von Natur aus der beste Zuhörer, den man sich denken kann. Und genau das braucht ein Philosoph: Zuhörer! Wie sollen denn aus abstrus klingenden Ideen globale Theorien werden, die eines Tages die Welt nicht nur verändern, sondern auch verbessern können – wenn den Entwicklern dieser Theorien niemals jemand bis zum Ende zuhört?

Erst beim Weiterspinnen ergibt ein Gedanke den nächsten, und wir alle, die wir uns zu Recht oder Unrecht Philosophen nennen, haben ein Problem: die ständigen Unterbrechungen durch andere Menschen, die nicht bis zu Ende lauschen können.

Das fängt an mit »Nun komm endlich zur Sache«, geht weiter mit »Ich kenn die Geschichte schon« und »Erzähl doch mal was Neues« bis hin zu »Schatz, ich bin müde« oder »Ich muss früh raus«. Und das schon morgens um vier, wo man doch gerade erst den weltweiten Bogen spannen wollte!

Erzählen Sie die vielen Verschwörungstheorien, an denen Sie so hängen (welcher Depp glaubt denn allen Ernstes, dass die Amis damals auf dem Mond gelandet sind? Wer fällt heute noch drauf rein, dass Nine-Eleven Terroristenwerk war? Wer außer Ihnen weiß denn, wer wirklich hinter dem Kennedy-Mord steckte? Und sind Sie nicht landesweit der Einzige, der die Hintergründe von Barschels Badewannen-Tod wirklich schlüssig erläutern kann? usw., usf.), erzählen Sie also Ihre Verschwörungstheorien weder Ihren Kindern noch Ihrem Partner noch dem Verfassungsschutz. Keiner von denen wird Ihnen wirklich bis zu Ende zuhören. Wenn Sie also wissen, mit welcher unglaublich einfachen Idee der gesamte Hunger auf der ganzen Welt in null Komma nix zu stillen wäre. Wenn Sie die komplette Lösung zur Beseitigung aller jemals gemachten Staatsschulden im Kopf haben und nur noch nicht dazu gekommen sind, das entsprechende Konzept zu schreiben. Wenn Sie das Gesetz der Schwerkraft längst ad absurdum geführt haben und das Perpetuum mobile sowie das selbst Kraftstoff erzeugende Auto eigentlich nur noch einmal durchdiskutieren müssten, aber einfach keinen einfühlsamen Gesprächspartner dafür finden: Sprechen Sie mit niemandem mehr darüber – außer mit Ihrem Hund. Er macht aus *jedem* Deppen einen Philosophen, also wird ihm das mit Ihnen schon allemal gelingen.

## Weil er aus jedem Philosophen einen Deppen macht

Andersherum funktioniert es aber auch. Und das ist ebenfalls ein guter Grund, einen Hund zu lieben. Er holt uns nämlich immer wieder auf den schnöden Boden der Tatsachen zurück. Selbst wenn Sie die Relativitätstheorie in drei schlüssigen Sätzen erklären können, was nicht einmal Albert Einstein geschafft hat (es sollten in Ihren drei Sätzen unbedingt die Worte »Raum« und »Zeit« vorkommen; auch sollten Sie das Wesen der Gravitation nicht vernachlässigen): Auf dem Hundespielplatz sind Sie doch nur das Herrchen von Ihrem Dackel. Und wenn man über Sie spricht, wird niemals jemand sagen: »Na, du weißt doch: dieser schlaue Professor, der einfach alles erklären kann!« Nein. Es wird immer heißen: »Ich meine den mit dem Dackel!«

Auch der Versuch, einen Hund zu erziehen, ist keine Frage der richtigen Philosophie. Wenn der Hund nicht will, steht jeder Philosoph dumm da. Und da kein Hund immer nur das tut, was er soll, macht er sein philosophisch vorbelastetes Herrchen mit Sicherheit irgendwann auch einmal zum Deppen. Und erst die Art und Weise, wie ein Mensch mit seinem Hund spricht! Für Leute, die keinen haben, klingt das ein bisschen dämlich.

Ich kenne einen Professor, sein Name ist Neill Simon, der Philosophie, Geologie und Astronomie lehrt. Er kann alles erklären zwischen 10.000 Kilometer in die Erde rein und 10.000 Kilometer in den Weltraum hoch, und außerdem weiß er anschaulich zu schildern, »was die Welt / im Innersten zusammenhält«[*]. Wenn der seinen Hund streichelt, sagt er immer: »Rumpelpumpel. Rumpelpumpel.« Das klingt doch irgendwie »deppig«, oder?

Sein Hund – findet es toll. Er kommt schon angerannt, legt sich auf den Rücken und streckt alle viere von sich, wenn er nur das Zauberwort hört: »Rumpelpumpel. Rumpelpumpel. Rumpelpumpel.«

Prof. Neill Simon ist ein Philosoph. Aber manchmal spricht er wie ein Depp.

[*] Goethe, Faust I.

# *Weil er für uns sterben würde*

Es gibt ja immer wieder mal so rührende Geschichten in der Zeitung, wo ein Hund sein Leben geopfert hat für seinen Menschen. Meistens spielen diese Geschichten irgendwo im Ausland und sind nicht so richtig nachzuprüfen. Aber mir scheinen sie glaubhaft zu sein.

Gehen Sie davon aus, dass Ihr Hund lieber sterben würde, als Sie im Stich zu lassen. Allein schon deshalb, weil er – im Gegensatz zu uns Menschen – nicht imstande ist, ein Risiko gegen das andere abzuwägen. Weil er nicht denkt, kann er auch nicht denken: »Wenn ich jetzt meinem Herrchen ins reißende Flussbett hinterherspringe, dann ertrinke ich. Aber die Chance ist relativ groß, dass mein Herrchen dort drüben den Ast vom Baum erwischt und sich selbst an Land zieht.«

Nein – so denkt ein Hund nicht, weil er, wie gesagt, nicht »denkt«. Er »reagiert« (was einen kleinen, aber wichtigen Unterschied ausmacht). Hier Gefahr – da Rettung. Hier Angriff – da Verteidigung. Hier Not – da Hilfe. Dieses schlichte Muster allerdings beherrscht jeder Hund. Und deshalb würde auch Ihrer bedingungslos für Sie sterben. Sogar dann, wenn er im täglichen Umgang eher faul, feige, träge und desinteressiert wirkt! Selbst der friedlichste Schoßhund wird zum Löwen, wenn sein liebster Mensch ein wirkliches Problem hat oder zu haben scheint. Er würde bedingungslos sein eigenes Leben in die Waagschale werfen, um sogar die kleinste Chance zur Rettung wahrzunehmen. Und das liegt nicht nur daran, dass ein Hund aus Menschensicht relativ einfach gestrickt ist. Sondern es liegt auch daran, dass er klare Prioritäten setzt. Prioritäten, die uns hochzivilisierten Menschen leider abhandengekommen sind.

Das Spannende (aber natürlich auch das Beruhigende) daran ist: Kaum ein Hundehalter kann diese These wirklich mit Fakten belegen. Sie haben nun also einen Hund, der, wie oben beschrieben, ausgesprochen faul, feige, träge und desinteressiert zu sein scheint. Leider (oder besser: zum Glück) sind Sie aber noch nie in einen reißenden Fluss gefallen, stimmt's? Also können Sie gar nicht wissen, was Ihr Hund tun würde, wenn Sie zwischen zweimal Wasserschlucken kurz auftauchen und um Hilfe schreien. Vielleicht springt er rein und rettet Sie. Vielleicht setzt er sich aber auch entspannt auf die Hinterpfoten und schaut Ihnen vergnügt beim Ertrinken zu. Wer weiß das schon so genau?[*]

* Der würde uns retten. Oder?

## Weil er uns zeigt, was im Leben wirklich zählt

Ein Hund ist so wunderbar einfach gestrickt. Was man von Ihnen nicht behaupten kann. Sie sind vermutlich hoch kompliziert, sehr differenziert im Denken, abwägend, um Objektivität bemüht, intellektuell relativ anspruchsvoll und etwas kapriziös. Nicht nur, dass bei Ihrem Hund all diese hochwertigen Eigenschaften unterentwickelt sind: Er kennt sie nicht einmal! Ihm sind sie herzlich egal. Sie werden ihn einfach deshalb lieben, weil er Sie immer wieder »erdet« und Ihnen zeigt, was wirklich zählt im Leben.

Wenn Ihr Hund sprechen könnte, würde er nämlich folgende Prioritäten setzen. Erstens: Ich habe immer genug zu fressen. Zweitens: Ich habe ein schönes Zuhause. Drittens: Ich darf ausschlafen. Viertens: Ich möchte mich austoben. Fünftens: Ich möchte immer etwas Neues dazulernen. Sechstens: Hin und wieder möchte ich Sex haben.

Hunde, denen das vergönnt ist, sind absolut glücklich. Warum fällt es uns Menschen nur so schwer, Glück auf ähnliche einfache Weise zu definieren – und konsequent darauf hinzuarbeiten, dass wir möglichst viel davon erleben können?

## *Weil er uns zur Ruhe bringt*

Es gibt Menschen, die leben eigentlich nur für ihre Arbeit. Morgens stehen sie auf, machen sich frisch, frühstücken, fahren ins Büro, haben Feierabend, kaufen noch schnell ein, fahren nach Hause, essen was, gehen schlafen und stehen morgens wieder auf. Sie funktionieren wie die Hasen in der Batterie-Werbung.

Das ist schön für sie. Solange es geht. Allerdings wird auch ihre Batterie einmal leer sein, und dann sind sie fertig. Sie leiden dann, wie man heute so sagt, am Burn-out-Syndrom. Es fällt ihnen nichts mehr ein. Sie haben alles schon einmal gemacht. Sie haben eine Sinnkrise. Sie müssten eigentlich dringend raus aus dem Karussell. Aber leider wissen sie nicht, wie.

Wohl denen, die rechtzeitig vorm Burn-out auf den Hund gekommen sind. Plötzlich gibt es Wichtigeres als den Job. Plötzlich hat alles andere Zeit. Ein Hund ist wie Golfen: Entspannend und überhaupt nicht hektisch. Wenn der Hund seine »Zeitung liest«, das heißt, wenn er minutenlang an einer Stelle schnüffelt und noch länger an der nächsten Stelle, dann lässt man ihn! Weil es für ihn wichtig ist. Meetings, Termine, Verpflichtungen: alles egal. Der Hund verlangt sehr viel, und zwar in der teuersten Währung der Welt. Und diese Währung heißt Zeit.

Die Zeit, die man mit dem Hund verbringt, ist genau die Zeit, die man sich eigentlich selbst nehmen sollte. Wir Menschen treiben manchmal Raubbau an uns selbst. Der Hund hingegen fordert sein Recht und lässt derartigen Raubbau nicht zu. Weil er sonst nämlich ins Wohnzimmer kackt.[*] Der Hund bringt uns zur Ruhe. Hoffentlich kommt diese Erkenntnis für Sie noch früh genug!

[*] Das soll aber kein Plädoyer für den Hund als »Ersatz-Therapeut« sein: Überlegen Sie gut, ob Sie die notwendige Zeit für das Tier wirklich erübrigen können (und wollen).

## *Weil er uns immer wieder überrascht*

Man sollte das nicht unterschätzen. So ein Hund lernt fleißig dazu. Jeden Tag. Wir merken das vielleicht gar nicht, weil wir nur Menschen sind. Aber der Hund macht sich so seine eigenen »Gedanken«. Und irgendwann wird er uns überraschen – mit den Konsequenzen, die er aus seinen eigenen Erfahrungen zieht.

Wo wir leben, machen andere Menschen Urlaub: auf einer Nordseeinsel. Wegen der vielen freilaufenden Schafe auf den Deichen gibt es hier vollkommen zu Recht den Leinenzwang. Außer auf den sogenannten »Hundewiesen«.

Eingezäunt und mit soliden Türen versehen, sind diese Hundewiesen eigentlich hundesicher. Tag für Tag gehen wir dorthin, die Tür fällt zu, der Hund darf frei herumlaufen und mit anderen Hunden herumtoben, und alles ist gut. Oder besser: Alles wäre gut.

Der Hund schaut sich eine Weile an, wie wir diese Tür öffnen. Und er »denkt« sich: Oh! Was die können, das kann ich auch. Eine Woche schaut er sich das an. Einen Monat. Zwei Monate. Und plötzlich macht er die Tür selbst auf.

Draußen läuft gerade eine Jagdhündin vorbei, die ihn brennend interessiert. Bisher ist er stets innen am Zaun der Hundewiese entlanggelaufen, bis das Objekt seiner Begierde nicht mehr zu sehen war. Jetzt wagt er den kühnen Ausbruch und hat gleich Erfolg. Er läuft nicht etwa am Zaun der Hündin hinterher, sondern er läuft in die Gegenrichtung bis hin zur Pforte, öffnet diese mit geschicktem Zusammenspiel zwischen Pfoten und Schnauze, drückt sie lässig auf, rennt hinaus und der Jagdhündin hinterher. Und weg ist er. Quasi auf Nimmerwiedersehen. Es dauert fast eine Stunde, bis wir ihn wieder eingefangen haben. Er kriegt natürlich seine Strafe, aber er hatte seinen Spaß.

Da hat der Hund klammheimlich gelernt! Nicht durch Übungen. Denn wir hätten ihm das ja niemals beigebracht. Durch »Abgucken« hat er gelernt. Ganz von allein. Wobei noch erschwerend hinzukommt, dass diese Türen bereits so konstruiert sind, dass die Schwerkraft dem zufälligen Öffnen im Wege steht. Es erfordert also schon eine gewisse Bedachtsamkeit und Überlegung, sie zu öffnen. Einfach nur dagegendrücken, das reicht nicht.

Oder Sie bringen Ihrem Hund bei, dass er sitzen bleiben muss, wenn Sie sich von ihm entfernen. Erst zehn Meter, dann zwanzig Meter, nach wenigen Tagen geht das schon auf fünfzig Meter. Er darf erst hinterhersprinten, wenn Sie ihn rufen. Dann allerdings, wenn er brav so lange gewartet hat, kriegt er ein Leckerli.

Was meinen Sie wohl, was Ihr Hund macht? Es dauert nur wenige Tage, dann setzt er sich beim Gassigehen ohne Leine aus eigener Initiative stur hin und schaut gemächlich zu, wie Sie sich entfernen. Sie schauen sich natürlich nicht um und rufen ihn, sondern Sie denken: Was für ein schlauer Kerl. Der weiß es doch genau. Irgendwann drehen Sie sich dann doch um, rufen ihn, er kommt sozusagen »freudestrahlend« angeflitzt, kriegt sein Leckerli – um sich gleich wieder hinzusetzen. Ja, hätten Sie das gedacht? Dass er so schlau ist? Erst hat er gelernt: »Wenn ich dem Befehl folge und artig sitzen bleibe, bis mein Mensch mich ruft, dann kriege ich ein Leckerli. Also folge ich dem Befehl.« Daraus ist aber dann geworden: »Machen wir es doch mal andersherum! Ich setze mich von alleine artig hin und warte, bis mein Mensch mich ruft, dann kriege ich natürlich auch ein Leckerli.« Donnerwetter.

So ein Hund schaut sich vieles in Ruhe an, äußert sich auch nicht dazu, und irgendwann zieht er daraus seine eigenen Konsequenzen. Er zeigt uns, wie schlau er ist. Immer wieder mal was ganz Neues. Und verlassen Sie sich drauf: Auch *Sie* werden Ihren Hund unterschätzen und ihn danach umso mehr lieben. Wenn Sie ihn erst einmal wieder eingefangen haben …

## *Weil er so herrlich egoistisch ist*

Liebe ist immer egoistisch. Warum liebt ein Mann seine Frau? Weil *sie* gut für *ihn* ist. Und natürlich auch, weil es *schön* ist, von ihr geliebt zu werden. Weil *er* die Gemeinsamkeit genießt (auch ein ziemlich egoistisches Argument, oder?). Und weil es dem Mann *Freude bringt,* mit genau *dieser* Frau zusammenzusein. Natürlich bringt der Mann auch etwas hinein in diese Liebe: Er liebt sie, und auch darum liebt sie ihn.

Was für den Menschen gilt, das gilt für den Hund schon allemal. Es muss also niemand ein schlechtes Gewissen haben, weil er einen Hund aus rein egoistischen Gründen hat. Liebe, wie eben bereits erwähnt, ist *per se* eine ziemlich selbstsüchtige Angelegenheit. Das gilt für die Liebe zum Menschen *und* für die Liebe zum Tier.

Obendrein – und auch deshalb lieben wir unsere Hunde – sind sie aber die herzerfrischend-egoistischsten Lebewesen, die wir jemals erlebt haben. Warum gehorcht ein Hund? Weil er mit Ungehorsam schlechte Erfahrungen gemacht hat (»wenn ich … dann …«). Warum schmust ein Hund? Weil er gern gekrault wird (»wenn ich … dann …«). Warum hört ein Hund so gerne zu, wenn man etwas erzählt? Weil er gern Zuwendung erfährt (»Er / sie befasst sich mit mir, und das ist schön …«).

Wir – also wir Menschen – denken hin und wieder darüber nach, was Liebe eigentlich ist. Wie sehr sie von ganz selbstsüchtigen Wünschen geprägt ist und geformt wird. Der Hund hat mit solchen »typisch menschlichen« Fragen absolut nichts am Hut. Er kennt keine Selbstkritik, hat allenfalls mal kurzfristig ein schlechtes Gewissen und ist dann wieder voller Liebe und Vertrauen.

Aber das stimmt auch schon wieder nicht. Ein Hund kann gar kein »schlechtes Gewissen« haben, weil er kein »Wissen« hat. Ein Hund hat nur seine »Erfahrungen«, aus denen er »Konsequenzen« zieht. Und haben Sie in diesem Moment nicht eine ganze Reihe von weiteren Fragen? Sehen Sie: Ein Hund ist gut für uns Menschen. Er bringt uns nämlich zum Nachdenken. Und das ist ein weiterer Grund, ihn zu lieben.

## Weil er so schlichte Wünsche hat

Wenn man doch nur in so einen Hundekopf hinein-
schauen könnte! Einmal nur wissen, wie das liebe Vieh
eigentlich tickt. Mit Sicherheit hat der Hund tausend unerfüllte
Wünsche, Sehnsüchte und Begierden, oder? Und wir dummen
Menschen ahnen gar nichts davon.

Aber das ist vielleicht ganz trügerisch. Wenn ein Hund
sprechen könnte und wir würden ihn fragen: »Morgen hast
du Geburtstag, was wünschst du dir?« – dann würde er wahrscheinlich mit strahlenden Augen antworten: »Nicht immer
nur die abgeschnittene Schwarte von eurem Frühstücksspeck,
sondern den ganzen.« »Und sonst hast du gar keine Wünsche?«, würden wir nachfragen. »Was würde dich wirklich
glücklich machen, Hund?« Er: »Andere Wünsche? Nein, wieso? Speck *ist* Glück.« Und schon wieder lieben wir unseren
Hund. Denn er hat ja recht.

*Weil er denkt**

Fragt man Wissenschaftler, was der Unterschied zwischen Mensch und Tier ist, so sagen sie: »Der Mensch spricht, und der Mensch denkt. Das Tier kann weder sprechen noch denken.«

Quatsch, sagt der Hundehalter. Mein Hund spricht mit mir. Zwar nonverbal, aber er kann mir jederzeit mitteilen, was er mir sagen möchte: Ob er Hunger hat, kacken muss oder spielen möchte. *Ich* verstehe meinen Hund. Er spricht mit mir.

Und was heißt hier: Der Hund kann nicht denken? Natürlich kann er denken, sagt der Hundehalter. Und er fragt sich philosophisch: Was ist denn denken? Wie definiert man das?

Denken ist, wenn man zwei Informationen miteinander verknüpfen und daraus eine dritte ganz neue entwickeln kann. Mehr ist Denken nicht. Ein Beispiel aus dem menschlichen Bereich. Frau Meier liest in der Zeitung, dass im Stadtpark letzte Nacht eine Frau überfallen worden ist; der Täter ist entkommen. So weit die erste Information. Frau Meier fällt ein, dass sie heute Abend eigentlich auf dem Weg vom Kaufmann nach Hause durch ebendiesen Stadtpark gehen wollte. Das ist

---

* Es ist mir vollkommen egal, dass Hunde nicht denken können. Meine Hunde können alle denken. Aus, Schluss, Ende. Beschwerden von Besserwissern bitte direkt an den Verleger!

die zweite Information. Frau Meier denkt nach und beschließt, heute Abend nicht durch den Stadtpark zu gehen. Das ist die Konsequenz aus Information 1 und Information 2 und hat sie zu 3 geführt. Man nennt das Denken. Frau Meier hat »nachgedacht«. Gute Frau Meier. 100 Punkte.

Die Frage des interessierten Hundehalters ist nun, warum man seinem Hund eigentlich die Fähigkeit des Denkens abspricht. Der verhält sich nämlich genauso wie Frau Meier. Ein Beispiel aus dem tierischen Bereich:

Hunde-Mama Moni geht mit ihren sieben Welpen durch den parkähnlichen Garten ihres Züchters. Es ist schon dunkel, und sie hat Angst um ihre Kleinen. Der Park ist gefährlich. Überall sind mysteriöse Geräusche. Der Feind lauert. Das ist Information Nr. 1.

Vier der sieben Welpen biegen an der alten Eiche falsch ab, so dass Moni sie nicht mehr im Blick hat. Sie könnte ihnen zwar folgen, aber dann würde sie die restlichen drei aus den Augen verlieren. Das ist Information Nr. 2. Deshalb – Konsequenz aus 1 und 2 – beschließt Moni, die Rasselbande sofort zu sammeln (3). Sie setzt sich auf ihre Hinterbeine und macht »wuff«. Sofort wuseln alle sieben Welpen herbei und scharen sich um ihre Mama.

Was ist nun der Unterschied zwischen Moni und Frau Meier? Der Hundehalter kann keine entdecken. Warum hat Frau Meier nachgedacht und Moni nicht? Beide haben sich doch aus zwei Informationen eine (dritte) Verhaltensempfehlung »gedacht«! Und sie haben sich daran gehalten. Es war von Frau Meier »vernünftig«, nachts nicht durch den Stadtpark zu gehen. Sie hat »Vernunft« gezeigt, die man Tieren abspricht. Und von Moni war es nicht »vernünftig«, ihre Lieben um sich zu versammeln? Wer erklärt dem Hundehalter den Unterschied?

Das geschilderte Beispiel ist übrigens nicht hundespezifisch: Enten-Mamas, die mit ihren Küken auf einem Teich unterwegs sind, verhalten sich genauso wie Hunde-Mama Moni. Denkt die Ente etwa auch?

# KAPITEL 3

## Gesundheit

# Weil ohne Hund Sofa, mit Hund raus

Es regnet schon den ganzen Tag. Jetzt am Abend kommt auch noch so ein fieser Wind dazu, der den Regen quer vor sich hertreibt. Er dringt durch alles außer Ölzeug. Das habe ich aber gerade nicht parat.

Mir ist nach einem heißen Tee und Glotze. Dann früh ins Bett. Ja, das wäre schön.

Aber so weit sind wir noch nicht. Erst muss der Hund raus. So wie sieben Tage die Woche und 365 im Jahr und das vielleicht und hoffentlich für mindestens 15 Jahre. Ich ziehe mir also das an, was noch am regensichersten aussieht, schnappe mir eine Mütze und meinen Hausschlüssel und begebe mich Richtung Wohnungstür. Die Leine brauche ich nicht zu holen. Die hat mein Hund schon direkt an die Tür gelegt. Wir gehen also raus, so wie jeden Abend. Nur dass heute das Wetter ganz besonders schlecht ist.

Dem Hund ist es egal. Er schnüffelt kurz in die Luft, steuert seinen Lieblingsbaum an und macht erst einmal sein Geschäft. Dann kratzt er mit den Hinterläufen die Erde auf und begibt sich gemächlich auf den Weg Richtung Park. So als wäre dies ein beschaulicher Sommertag mit strahlender Sonne. Zwischendurch liest er seine Hundezeitung, das heißt, er bleibt alle fünf Meter stehen und schnuppert an irgendeiner unsichtbaren Spur herum. Aha, hier war die blöde Töle vom Nachbarn! Mhm, das riecht nach läufiger Hündin! Hier haben wir die

Spur einer Katze, igitt! Und wer hat hier irgendwo unterm Busch seine Beute vergraben? Die werden wir mal näher in Augenschein nehmen.

All das mag ihm durch den Kopf gehen, während mir das Wasser vom Rand der Mütze in den Kragen rinnt. »Na komm schon«, sage ich und ziehe etwas an der Leine, aber das ist nicht gerecht, denn er macht ja nichts Verbotenes – außer eben seine Zeitung lesen. Menschen treffen wir kaum. Und wenn, dann haben sie einen Hund an der Leine und machen ein Gesicht, als wenn ihnen das Wasser vom Rand ihrer Mütze in den Kragen rinnen würde. Irgendwo im Park verrichtet mein Hund sein großes Geschäft (das kleine hat er inzwischen mindestens siebenmal gemacht, was eher symbolischen Charakter hat, als dass es vom Harndrang herrührt). Er kriegt sein Lob und ich den Beutel mit der Kacke drin. Wir drehen noch eine Runde durch den Park, ich übersehe eine Riesenpfütze und latsche mitten rein und nach ungefähr einer halben Stunde hängen meine total durchgeweichten Klamotten im Bad und der Hund liegt müde und zufrieden davor. Immerhin bettet er sein tropfendes Haupt auf die Badezimmerfliesen und nicht auf den Wohnzimmerteppich, das ist doch schon mal was. Jetzt gibt es den Tee, der Film hat eh schon angefangen, in den Tee gibt es einen Schuss Rum und endlich ist Ruhe.

Man ist als Hundehalter auch sehr zufrieden mit sich selbst, wenn man den inneren Schweinehund überwunden hat und trotz Mistwetter noch mal Gassi gegangen ist. Ich schaue vom Balkon in all die Nachbarwohnungen hinein, in deren Fenstern bläuliches Licht zuckt: Die gucken alle den Film, den ich mir auch ausgesucht hatte! Aber Neid kommt nicht auf, eher stolze Verachtung. Meine Nachbarn sind träge Weicheier, luschige Sessel-Pupser, verfettete Sofa-Sitzer und dekadente

Nur-bei-Sonnenschein-in-den-Park-Geher. Ich bin vermutlich der letzte richtige Kerl im ganzen Viertel. Und auch dafür liebe ich meinen Hund.

# Weil ohne Hund Infarkt, mit Hund steinalt

Wenn Bewegungsmangel die Hauptursache für Herz-Kreislauf-Erkrankungen ist, müssten wir Hundeliebhaber allesamt mindestens hundert werden, und vielleicht kommt es ja auch so. Was mich angeht und Sie. Die Luft ist frisch, die Lungen weiten sich, und manchmal muss man mit dem Hund ja auch ein bisschen toben. Da kommt man leicht ins Schwitzen, wenn man nicht mehr so fit ist wie früher. Das freut den Doktor! Einmal am Tag sollte jeder etwas ins Schwitzen geraten, sagt meiner immer.

Aber es ist ja nicht nur die Bewegung. Wer mit dem Hund geht oder heute noch mit dem Hund rausmuss, der trinkt keinen Alkohol. Auch gesund. Beim Gassigehen wird nicht geraucht. Sehr gut. Man spart auch Geld, weil man den Abend im Park verbringt statt in der Stammkneipe.

Obwohl, einen guten Hund kann man getrost mitnehmen! Der legt sich untern Tisch und pennt. Aber insgesamt leben wir Hundehalter tatsächlich gesünder als alle anderen. Wir planen ja auch unseren Urlaub hundgemäß und somit bewegungsfreundlich.

In unserem Haus an der Nordsee vermieten wir die Ferienwohnung sehr oft an Hundehalter.[*] Die stehen früher auf als andere. Sie gehen als Erstes mit dem Hund auf den Deich.

---

[*] www.traumurlaub-auf-pellworm.de

Dann holen sie Brötchen und frühstücken draußen. Danach packen sie ihre Strandsachen, schnappen sich die Kinder und den Vierbeiner und verschwinden Richtung Hundestrand. Dort tobt der Hund auf der Wiese mit anderen Hunden und die Kinder spielen im Watt mit anderen Kindern. Abends kommen alle müde und glücklich nach Hause, kochen sich was und gehen früh ins Bett, um morgens früher als andere aufzustehen (usw.). Gesünder geht's ja wohl nicht. Und wer hat das geschafft? Der Hund, den sie deshalb über alles lieben. Denn was gibt es Schöneres als Sonnenaufgang über der See und abends zu müde für den Fernseher?

# Weil der Hund gut ist
# für das Immunsystem

Der Hund ist eine vierbeinige Müllkippe, eine mobile Bakterienschleuder, eine schleckende Drecksau, eine sabbernde Pilzkultur und ein geifernder Seuchenherd. Er steckt seine Nase grundsätzlich in alles, was der Mensch zum Kotzen findet. Auch wenn er kein Aasfresser ist (ich hatte schon mehrere, die auf tote Möwen abgefahren sind wie andere Hunde auf ein Stück Leberwurst!): Er wird auf jeden Fall erst einmal am Aas schnuppern. Sie können sich die Hände so oft waschen, wie Sie ein Stück Seife erspähen: Nützen tut das alles nichts.

Denn garantiert stupst Sie Ihr Hund Minuten später schon wieder mit derselben Nase an, mit der er gerade irgendetwas sehr, sehr Unangenehmes erforscht hat. Sie können gar nichts dagegen tun! Manche Hunde fressen zum Beispiel wahnsinnig gerne Kot von anderen Tieren. Andere mögen Äpfel erst dann, wenn sie so richtig schön von Würmern zerfressen sind. Die Würmer fressen sie natürlich mit, und wo die vorher gewesen sind, das wollen Sie gar nicht wissen. Der Hund leckt Ihre Hand ab, weil er Sie liebt, und schon sind Sie selbst eine wandelnde Müllkippe, eine mobile Bakterienschleuder, Drecksau und Seuchenherd. Eine Minute später läuft Ihnen die Nase, Sie wischen mangels Tempotaschentuch mit dem Handrücken drüber, und spätestens jetzt sind Sie auch noch eine sabbernde Pilzkultur. Es gibt auch Menschen, die ihrem Hund gern einen

Kuss auf die Schnauze drücken.* Dieselben Menschen küssen kurz danach ihren Liebsten, der küsst seine Kinder und im Nu ist es so, als hätte die ganze Familie voll in die Scheiße gegriffen. Das ist Fakt. Man macht es sich nur nicht so oft klar.

Unser Immunsystem reagiert darauf genau richtig. Sie werden nämlich gar nicht häufiger krank, wenn Sie einen Hund haben. Im Gegenteil: Sie werden seltener krank. Das Immunsystem des Hundehalters wird mit derart vielen Problemen konfrontiert, dass es buchstäblich alle Hände voll zu tun hat. Hier muss ein Gegenmittel gefunden werden, dort schleicht sich ein fieses Virus ein. Das Immunsystem kämpft und kämpft. Dabei wird es immer stärker und immer gerissener. So wie das Internet in kürzester Zeit Milliarden von Informationen miteinander verknüpft und zum Abruf bereitstellt, so ist auch unser Immunsystem blitzschnell auf jede mögliche Anfrage vorbereitet und gut gerüstet. »Alarm! Virus X37C von toter Möwe hat sich mit Erreger A75B von faulem Obst gekreuzt! Übertragen durch die Scheiß-Töle! Sofort Gegenmittel entwickeln!« »Ziel erkannt, eingekreist und abgeschossen!« »Jetzt hat er die tote Ratte entdeckt! Urlaubssperre für alle!«

So ungefähr würde es ablaufen, wenn unser Immunsystem sprechen könnte. Gar nicht so abwegig ist diese These: Wir Hundehalter sind manchmal auch deshalb abends so früh müde, weil ein Großteil unserer Körperenergie in die Abwehr von irgendwelchen Angreifern gesteckt wird. Das Ergebnis ist ziemlich gut: Wir gehen früher ins Bett als der Rest der Welt. Wir werden nicht so oft krank wie andere Menschen, und unsere Kinder auch nicht. Aber die – lieben unseren Hund ja sowieso über alles.

---

* Das tut man aber nicht.

## Weil Zeckensuche glücklich macht

Einen Hund kann man nicht sich selbst überlassen. Er braucht seinen Menschen immer. Kinder werden irgendwann groß und gehen ihren eigenen Weg. Ein Hund bleibt immer ein Hund. Wenn Sie aber tatsächlich glauben, dass Sie jetzt wirklich alles für Ihren Hund getan haben, und sich nun endlich einmal um sich selbst kümmern möchten, dann geht es erst richtig los. Denn nun machen Sie sich auf Zeckensuche.

Die Zecke war früher ein unerwünschter Gast im Fell des Hundes während der zeckenträchtigen Monate Mai und Juni. Davor und danach war eine weitgehend zeckenfreie Zeit. Das ist aber vorbei. Es hat irgendwie mit der Klimaerwärmung zu tun. Seit circa zwei Jahren sind Sie nicht mehr zwei, sondern plötzlich zwölf Monate im Jahr auf Zeckensuche. Und zwar jeden Tag. Je zotteliger der Hund, desto länger dauert die Suche. Weil Sie bei einem kurzhaarigen Tier die Zecke relativ schnell entdecken. Aber bei einem langhaarigen Hund können Sie schon etwas mehr als eine halbe Stunde am Tag nur mit Zeckensuche verbringen.

Finden Sie keine, freuen Sie sich. Finden Sie eine, freuen Sie sich auch: Weil Sie nämlich eine gefunden haben. Sie freuen sich bei der Zeckensuche also auf jeden Fall. Aber das ist noch nicht die einzige Freude. Jetzt müssen Sie die Zecke ja noch entfernen, und zwar möglichst mit Kopf. Nach einer Weile haben Sie den Dreh raus. Wieder ein Grund, sich zu freuen! Sie haben eine halbe Stunde gesucht, drei Zecken gefunden und zwei davon mit Kopf entfernt. Man entsorgt die Zecke nicht so einfach, indem man sie fortwirft oder in den Mülleimer tut. Nein, man zündet sie an. Warum das so ist, weiß ich auch nicht. Vielleicht als Warnung für andere Zecken? Jedenfalls verbrennt man sie, und das ist ein echtes Erfolgserlebnis. Natürlich könnte man jetzt argumentieren: Hätte ich keinen Hund, hätte der auch keine Zecken, ich müsste dann keine suchen und keine entfernen und keine verbrennen! Ich könnte mich doch auch so freuen!

Aber das tut der Mensch nicht. Er freut sich erst, wenn er etwas geschafft hat. Und darum sind die grässlichen Zecken für mich ein echter Grund, meinen Hund zu lieben.

## Weil man sich den Fitnesstrainer spart

Wer einen Hund hat, der braucht keinen Personal Trainer. Was der Ihnen beibringt, das haben Sie am anderen Ende der Leine ohnehin schon drauf! Da lachen Sie nur drüber! Nehmen wir als Beispiel nur mal das ewige Bücken nach den Haufen, die Ihr Hund gekackt hat. Das ist allerfeinstes Training der Rückenmuskulatur!

Ein großer Hund kackt pro Tag bis zu fünf Haufen. Das sind in zehn Jahren schlappe 18.250 Haufen Hundekacke, und wenn man die übereinanderstapelt, ergibt das eine Höhe von über 900 Metern. Diese Riesenmenge haben Sie persönlich vom Boden aufgeklaubt! Da trainieren Sie Muskeln, von deren Existenz Sie bisher keine Ahnung hatten. Immer dasselbe Ritual. Säckchen raus, Säckchen auf, Hand reinstecken, bücken, Kacke greifen, Säckchen umstülpen, wieder aufrichten, Säckchen verknoten, Mülleimer suchen, Säckchen reinschmeißen.

Na gut: Abziehen müssen Sie natürlich diejenigen Häufchen, die Ihr Hund ins Unterholz macht, wo Sie also nicht rankommen und die Sie deshalb auch nicht entsorgen können. Nehmen wir mal an – das ist natürlich davon abhängig, ob Ihr Hund auf dem Land oder in der Stadt aufwächst –, dass er circa jedes dritte Häufchen irgendwo unbemerkt im Gebüsch absetzt. Dann ist das aber immer noch eine Kacksäule von 600 Metern Höhe, die Sie persönlich aufklauben.

Die gesparten Kosten für den Personal Trainer können

Sie augenblicklich in Hundefutter investieren. Dieses Futter kaufen Sie natürlich nicht in kleinen Portionen, sondern aus finanziellen Erwägungen heraus am besten gleich im großen Sack. Große Säcke sind aber sehr, sehr schwer. Sie schleppen die Säcke mit dem Hundefutter aus dem Laden in den Kofferraum und aus dem Kofferraum in Ihre Wohnung und haben schon wieder Muskeln trainiert, von deren Existenz Sie bisher keine Ahnung hatten. So geht das immer weiter. Ein Hund macht fit. Lieben wir ihn einfach dafür.

## Weil es fit macht,
### einen Fuchsbau aufzugraben

Menschen mit kleinen Hunden haben weitere Fitness-Vorteile, die nicht zu unterschätzen sind. Kleine Hunde passen zum Beispiel sehr gut in Fuchsbauten hinein, falls ihnen der hierfür notwendige Jagdtrieb im Blut liegt. Aber so gut, wie sie hineinpassen, so schlecht finden sie manchmal wieder raus. Sehr angenehm ist es, wenn sie einen Fuchsbau mit Vorder- *und* Hintereingang erwischen, denn dann müssen sie nicht wenden. Ist der Fuchsbau jedoch eine Sackgasse, dann stecken sie schnell fest. Es kann auch passieren, dass sie beim Wühlen eine Art Erdrutsch verursachen, der ihnen dann den Ausgang verwehrt. Oder sie verlaufen sich in dem unterirdischen Labyrinth und wissen nicht mehr, wo der Ausgang ist.

Hinzu kommt, dass der Fuchs ja sprichwörtlich schlau ist. Könnte es nicht sein, dass er den eher einfach gestrickten Hund mit Absicht in eine Falle lockt, selbst plötzlich in einen getarnten Seitentunnel abtaucht und sich kaputtlacht, weil der blöde Hund den Ausgang nicht mehr findet? Solche alptraumähnlichen Gedanken gehen Ihnen durch den Kopf, während Sie seit circa zwanzig Minuten vor einem kaum faustgroßen Loch hocken (sehr gut für die Beinmuskulatur!) und immer wieder den Namen Ihres Hundes rufen, aber von dem kommt, wenn überhaupt, nur ein fernes Winseln zurück. Was tun?

Irgendwann hetzen Sie zum Auto, jagen zum nächsten Baumarkt, kaufen einen Spaten, drängeln sich mit dem Hinweis auf einen lebensbedrohlichen Notstand an der Kassenschlange vorbei, jagen zurück, finden mit sehr viel Glück den Fuchsbau wieder und fangen an, diesen aufzugraben. Und wenn Ihnen dann der Schweiß von der Stirn läuft, wenn die Blasen an Ihren Händen aufplatzen, wenn Ihnen der Schlamm bis zum Knie steht und Sie buchstäblich auf dem letzten Loch pfeifen, wenn Sie also das Letzte gegeben haben und dann plötzlich Ihren verdreckten Hund im Arm halten – dann wissen Sie erst, wie sehr Sie ihn wirklich lieben.

# Weil ein Halbmarathon kein Problem mehr ist

Es gibt Menschen, die joggen. Und es gibt Menschen, die haben einen Hund. Das Laufpensum, das Sie mit Ihrem Vierbeiner erledigen, reicht lässig für den nächsten Halbmarathon. Und ich meine nicht etwa so ein freiwilliges gemeinsames entspanntes Dahinlaufen! Ich meine die atemlose Hatz durchs Unterholz, mit blutigen Striemen im Gesicht von zurückschnellenden Ästen, mit verstauchten Knöcheln aus irgendeinem von Laub verdeckten Scheiß-Graben, mit Blutegeln an durchweichten patschnassen Füßen, mit offenen Wunden vom Stacheldrahtzaun, mit handtellergroßen Geschwüren von Brennnesselkolonien, deren urwaldähnliche Größe wahrscheinlich noch auf Tschernobyl zurückzuführen ist. Ich meine die vielfältigen Situationen, in denen Ihnen der Hund abgehauen ist.

Jedem Hundebesitzer ist der Hund schon mal abgehauen. Nur geben das die wenigsten Menschen zu. Abgesehen vom Hund eines Jägers und vom speziell ausgebildeten Polizeihund siegt wohl in jedem Tier hin und wieder der Jagdtrieb über die Gehorsamspflicht. So gut können Sie einen Freizeithund gar nicht erziehen, dass er nicht irgendwann doch einmal die Kontrolle verliert. Und so hartherzig sind selbst Sie nicht, dass Sie nicht doch mal im Wald, wo auf Hunderte von Metern keine Menschen- und keine Tierseele zu sehen ist, mal eben kurz die Leine … Nur mal für einen Moment … Hier können Sie doch nichts übersehen …

Sie haben jemanden übersehen! Einen Hasen, der sich im Gebüsch direkt vor Ihrem angeleinten Hund wichtig gemacht und ihm wahrscheinlich den ausgestreckten Mittelfinger gezeigt hatte. Dass der Hund plötzlich leinenlos ist, damit hat der Hase nicht gerechnet. Jetzt allerdings erweist er sich als wahrer Hasenfuß und gibt Vollgas im Zickzack, und Ihr Hund kann gar nicht anders: Er muss hinterher. Der Hase ist zwar der Schwächere, aber auch der Schnellere. Der Hund will das nicht wahrhaben. Nach wenigen Sekunden sind beide, Hase und Hund, aus Ihrem Blickfeld verschwunden.

Was wollen Sie jetzt machen, außer hinterherrennen? Vor Ihrem geistigen Auge sehen Sie Ihren Hund schon im Fadenkreuz der Jägerflinte, und es krümmt sich bereits der Finger am Abzug. Schweiß bricht Ihnen aus. Sie rennen und rufen. Kein Marathonläufer schreit sich beim Marathonlaufen die Kehle aus dem Hals; im Gegenteil: Marathonläufer sind beim Marathonlaufen eher schweigsam, und das mit gutem Grund. Sie im Wald leisten also quasi das doppelte Pensum eines Marathonläufers, denn Sie rennen *und* schreien. Was noch einmal so viel Lungenkapazität fordert wie nur Rennen. Die Sache geht (fast) regelmäßig harmlos aus: In dem Moment, wo der Hund den Hasen verloren hat, kommt er reumütig angedackelt, kriegt seinen Verweis und alles ist wieder gut. Und nach circa zwei Stunden nähert sich Ihr Puls auch wieder der 120er-Marke. Von oben.

# Weil der Hund gut ist
# für den Kreislauf

Jeder Hundehalter hat eine Geschichte im Kopf, die er niemandem freiwillig erzählt.* Weil es keine Ruhmesgeschichte ist. Ich habe auch so eine Geschichte. Und manchmal wache ich nachts schweißgebadet auf, weil ich sie im Traum noch einmal erlebt habe. Es ist die Geschichte, wie mein Hund auf einem Autobahnrastplatz aus dem Halsband schlüpft und … Nein, ich erzähle sie nicht.

Aber was hat so eine schreckliche Geschichte in diesem Buch zu suchen? Danach hat man doch wirklich einen guten Grund, um zu sagen: Nie wieder! Das war der letzte Hund! Aus! Vorbei!

Ganz falsch. So ist das eben mit Hunden: Richtig böse kann man ihnen nicht sein. Woher sollte meiner wissen, dass dies keine stille Bergwiese ist – sondern ein Rastplatz, an dem die Autos nur so vorbeirasen? Der Hund hätte tot sein können, ach was: Nicht nur der Hund. Vor meinem geistigen Auge sah ich eine Massenkarambolage à la *Cobra 11*, mindestens! Als aber alles vorbei war und ich die Töle wieder eingefangen hatte, da war ich nicht nur topfit – sondern auch sooo froh, dass es glimpflich ausgegangen war. Natürlich habe ich mit ihm geschimpft. Aber ich merkte gleichzeitig, wie sehr ich schon an ihm hing. Obwohl wir ihn erst wenige Tage hatten.

---

* Wohl eher mehrere Geschichten …

Er war nämlich noch ein Baby. Allerdings ein Riesenbaby. Der Züchter hatte uns gewarnt: »Machen Sie das Halsband ja nicht zu locker! Man denkt, es sitzt fest. Aber das ist alles nur Oberfell. Wenn er will, dann macht er sich schlank. Sehr, sehr schlank.«

Na gut. Diese warnenden Worte sollten beherzigt werden. Aber sie konnten doch kein Grund sein, dem Hund die Luft abzuklemmen! Also schnallten wir ihm sein erstes Halsband – viel zu locker um. Wir ahnten ja noch nicht, *wie* schlank er sich machen konnte! Wenn er wollte.

Nun ist es ja so mit einem Hund: Sobald er voraus an der Leine zieht, wir also seinen Hintern sehen, sitzt jedes Halsband fest. Selbst wenn er fast darüberstolpert. Dreht er sich aber aus irgendeinem Grund plötzlich um und zieht quasi im Rückwärtsgang an der Leine, dann muss er nur noch seinen Schädel durchs Halsband zwängen. Und dieses Riesenbaby hatte tatsächlich sehr viel Oberfell und nur sehr wenig Schädelknochen. Ungefähr so, als wenn man ein Wollknäuel über einen Stecknadelkopf stülpt.

Es war eine der ersten Ausfahrten mit dem Hund. Wir lernten ihn gerade erst kennen und wussten noch nicht, dass er eine seltsame Angewohnheit hatte: 23 Stunden und 55 Minuten am Tag war er extrem friedlich, eher träge, sehr langsam, etwas furchtsam und außerordentlich bedächtig.

Fünf Minuten am Tag jedoch rastete er vollkommen aus, raste wie verrückt mit einem Affenzahn durch die Gegend, rannte alles und jeden um, bretterte ohne Rücksicht auf Verluste durch Hecken und Gestrüpp, über Stock und Stein, sprang in jeden Güllegraben, schoss halsbrecherische Purzelbäume, fletschte die Zähne wie ein irrer Killer, verbiss sich in Bälle, Bäume, Bratpfannen, Beine (was eben gerade erreichbar war) – um danach wieder für 23 Stunden und 55 Minuten in seine abgrundtiefe lammfromme Lethargie zu versinken.

Seine ersten »wilden fünf Minuten« bekam er leider ausgerechnet an jenem Tag, als wir mit ihm über die A 23 an die Nordsee fuhren und er auf einem Rastplatz am Nord-Ostsee-Kanal sein Geschäft erledigen sollte und sich herausstellte, dass sein Halsband zu locker gespannt war. Plötzlich war er frei. Und flippte aus. Glauben Sie mir: Es gibt kein besseres Kreislauftraining als die Jagd auf einen Riesenwelpen, der noch auf gar kein Kommando hört und die Autobahn für einen Riesenspaß hält. Aber ich erzähle die Geschichte nicht.

# *Weil man den inneren Schweinehund überwindet*

Menschen, die einen Hund haben, pflegen über andere Menschen, die sich im Fitness-Studio anmelden, mitleidig zu lächeln. Sie wissen nämlich genau, wie die Sache mit dem Fitness-Studio ausgehen wird. Erst geht man gern hin, dann geht man seltener hin, und dann geht man gar nicht mehr hin. Nur zahlen tut man noch, weil man sich nämlich blöderweise auf mindestens ein Jahr verpflichtet hat.

Menschen, die etwas schlauer sind, melden sich zu zweit an. Also sie gehen zusammen mit dem besten Freund oder der besten Freundin ins Fitness-Studio. Weil man den inneren Schweinehund zu zweit natürlich besser überwindet als alleine. Dann läuft es so: Erst geht man gern zu zweit hin, dann geht man seltener zu zweit hin, und dann geht man gar nicht mehr zu zweit hin. Nur zahlen tut man noch zu zweit, weil man sich nämlich blöderweise zu zweit auf mindestens ein Jahr verpflichtet hat.

Bei Menschen, die einen Hund haben, läuft es nun ganz anders ab. Sie haben gar keine Wahl, ob sie Fitness betreiben oder nicht. Kein schlechtes Wetter, kein geiler Film im Fernsehen, kein Unwohlsein, kein Besuch, keine Magenkrämpfe, keine frisch verliebten Endlos-Telefonate, nicht mal eine grundsätzliche Ehedebatte kann den Hund davon abhalten rauszumüssen. Anderenfalls würde er randalieren bzw. sein Geschäft irgendwann drinnen verrichten. Ist er aber erst einmal draußen, hält ihn nichts mehr. Hunde sorgen selbst für ihre Fitness. Sie ziehen uns Menschen ganz automatisch mit und überwinden unseren inneren Schweinehund. Ist also doch etwas Wahres daran: Zu zweit geht Fitness besser als alleine!

# *Weil man weniger trinkt*

Menschen, die sich torkelnd von ihrem Hund Gassi führen lassen, sieht man in unseren Städten relativ selten. Und wenn, dann ist vermutlich die freie Natur ihr derzeitiger Wohnsitz und ihnen im Übrigen sowieso alles egal. Der Durchschnittsmensch wird höllisch aufpassen, dass er jedenfalls bis zum letzten Gassigehen des Tages – also je nach Hundenatur zwischen 22 Uhr und Mitternacht – verhältnismäßig nüchtern bleibt. Denn so ein Hund verlangt bisweilen äußerste Reaktionsschnelligkeit (zum Beispiel wenn er eine Katze entdeckt oder eine Ratte erschnüffelt). Da muss der Mensch schon ganz schön aufpassen, dass er seinen Vierbeiner im Griff behält. Denn er will sich weder blamieren, noch seinen Freund unter einem Auto hervorziehen müssen. Also bleibt der Mensch nüchtern, bis der Hund eingeschlafen ist.

Das wiederum verringert naturgemäß die durchschnittliche Menge Alkohol, die er (der Mensch) bis dahin zu sich nehmen kann. Daraufhin werden sich seine Leberwerte wieder auf Normalmaß einpendeln. Wer aber abends weniger trinkt, der fühlt sich auch tagsüber besser. Man beginnt den Tag viel ausgeruhter, die Sinne sind geschärfter, der Kopf ist freier und der Magen rebelliert nicht mehr. Bedanken Sie sich bei Ihrem Hund, wenn Sie plötzlich weniger Alkohol trinken!

*Weil man weniger raucht*

Wenn Sie eine halbe Stunde mit Ihrem Hund Kriegen gespielt haben, hocken sie atemlos am Boden und schnappen nach Luft. Jetzt ist Ihnen nach einer großen, ja sogar nach einer sehr großen Flasche Mineralwasser zumute. Aber ganz bestimmt nicht nach einer Zigarette. Menschen, die regelmäßig Sport treiben, sind sowieso nicht die klassischen Rauchertypen. Sie könnten ihre hochgesteckten Ziele dann ja niemals erreichen! Und Hund ist Sport. Aber was für ein schöner und gesunder!

Da werden keine Knochen einseitig belastet, weil alle gleich viel belastet werden. Da droht kein Wadenkrampf, weil man jederzeit aufhören kann. An Verfettung wird man wahrscheinlich nicht sterben, weil man sich ja stets an der frischen Luft bewegt. Das viele Mineralwasser, das man nach einer anstrengenden Hundejagd in sich hineinkippt, ist genau die Menge, die der Körper braucht. Ohne Hund würde man jetzt kein Wasser trinken, sondern eine rauchen. Ja, so ein Hund tut echt was für die Gesundheit seines Menschen!

# KAPITEL 4

## Família

## Weil die Kinder ihn so sehnsüchtig erwarten

Was sind das für herrliche Debatten, die schon morgens am Frühstückstisch beginnen und oftmals noch abends am Kinderbett geführt werden müssen. Manchmal geht das jahrelang, denn Kinder können ganz schön zäh sein. So diskussionsfreudig und voller guter Argumente hat man die lieben Kleinen wirklich noch nie erlebt!

Ein Kind, das sich nichts so sehr wünscht wie einen Hund, greift tief in die Trickkiste. Sehr tief. Da wird unverhofft geschmust, da fließen Tränen im passenden Moment, da wird erpresst und gebettelt oder der Opa vorgeschickt, da werden die kühnsten Versprechungen gemacht, und manchmal wird zur Herstellung eines guten Betriebsklimas sogar das Kinderzimmer freiwillig aufgeräumt. »Und was ist nun mit dem Hund ...?«

Wundern Sie sich nicht, wenn Ihr Kind es plötzlich gar nicht mehr erwarten kann, dass endlich Sonntag ist und Sie mit ihm einen langen Spaziergang machen! Obwohl es Spaziergänge doch bisher vehement ablehnte. Was für ein seltsamer Zufall, dass Sie der Weg dieses Mal ausgerechnet am Tierheim vorbeiführt, hinter dessen Mauern etliche hundert Dauerinsassen herzzerreißend jaulen! Oder zumindest an der Hundewiese, wo Ihr Kind bereits den einen oder anderen Hundehalter kennt, rasch zu den versammelten Hundemenschen hinüberhüpft und anklagend mit dem Finger auf Sie zeigt: Die dahinten, das sind meine Eltern, die mir keinen Hund kaufen wollen! Die Bösen! Die Herzlosen!

Wenn das Kind einen Hund will und keinen kriegt, dann zeigt es erst, was in ihm steckt. Die ganze Bandbreite von schauspielerischem Talent bis hin zu bauernfängerischem Übers-Ohr-Hauen, von theatralischem Getue bis hin zu geradezu krimineller Energie, die einem fingerfertigen Hütchenspieler zur Ehre gereichen würde.

Und Sie? Wie lange halten Sie diesem Psychodruck stand? Wie oft werden Sie noch »Es gibt keinen Hund« sagen? Sie wissen doch im Grunde Ihres Herzens schon längst, dass Sie den Kindern nicht ewig widerstehen können. Und wollen Sie sich später im Alter wirklich vorwerfen lassen, dass Sie den sehnlichsten Wunsch Ihrer Kinder hartherzig unerfüllt gelassen haben?

Also wird Ihr »Nein« von Mal zu Mal schwächer, und Ihre Kinder wittern es. Natürlich dauert es noch einige Zeit, bis aus dem »Nein« ein »Jein« wird. Natürlich werden Sie den Hund mit einer Menge Auflagen und neuen Gesetzen verbinden: »Nur wenn … dann, aber auch dann nur vielleicht …« Und eines Tages ist es so weit. Sie haben sich breitschlagen lassen. Jetzt kommt ein Hund ins Haus.

# Weil er den Gemeinschaftssinn fördert

Wenn Sie sich dann von Ihren Kindern haben breitschlagen lassen und der lange Katalog, um was sie sich alles zu kümmern haben, niedergeschrieben und bilateral unterzeichnet ist, dann geht es an die Auswahl der Rasse. Zwischen den Vorstellungen Ihrer Kinder und Ihren eigenen liegen Welten. »Ich will einen aus dem Heim!« *»Da weißt du doch gar nicht, was das für einer ist.«* »Ich will einen aus Spanien, da geht es den armen Hunden so schlecht!« *»Ach was. Wir haben hier genug arme Hunde, da müssen wir nicht noch welche importieren.«* »Ich will aber einen schmusigen, so wie Anna einen hat!« »Ich will einen Golden Retriever und sonst gar keinen!« *»Ihr müsst doch bedenken, dass wir eine Stadtwohnung haben.«* »Ich geh doch immer mit dem raus!« »So einen wie in *101 Dalmatiner*!« »Ich will ihn aber mit ins Bett nehmen!« *»Hier nimmt gar keiner einen Hund mit ins Bett! So weit kommt das noch!«* Das sind Dialoge, die in jeder Hundefamilie geführt werden, bevor sie endlich eine ist.

Einschlägige Fachbücher werden gekauft, es wird gegoogelt, man verbringt ganze Wochenenden in streng riechenden Mehrzweckhallen auf dem Land (endlich unternimmt die Familie mal wieder etwas gemeinsam), wo stolze Züchter ihr sorgsam geföntes und getrimmtes Lebenswerk vorstellen. Aber das ist der Entscheidungsfindung auch nicht dienlich, denn man selbst will ja keine Pokale und Orden. Nur eben einen Hund.

Man wählt und verwirft, man wägt ab und vergleicht und kommt dabei nicht einen Schritt weiter. Denn jede Rasse hat ihre Vor- und Nachteile. Erschwerend kommt hinzu: In jeder Rasse gibt es offenbar Exemplare, die total aus der Art geschlagen und genau das Gegenteil von dem sind, was ihre hervorstechendste Eigenschaft sein soll!

Das stellt man aber erst fest, wenn man Hundehalter im Park anspricht und sie erzählen lässt. Jeder erzählt etwas anderes. Das verwirrt nun total. Da gibt es angebliche »Laufhunde«, die am liebsten den ganzen Tag faul in der Ecke liegen und zum Joggen getragen werden müssen! Es gibt »Familienhunde«, die gegen Kinderlärm allergisch sind und Menschen mit Windeln für ihre natürlichen Feinde halten! »Wachhunde«, die jeden Einbrecher angähnen oder schlimmstenfalls abschlecken! Und es gibt »Jagdhunde«, die sich vor einer Maus fürchten und sich Silvester im Bad verstecken!

Auch die »faulen« Rassen, meistens sind sie groß und stark wie ein Bär, entsprechen nicht immer den Klischees, die man auf den Websites ihrer Zuchtverbände unter »Eigenschaften« nachlesen kann. »Ruhig und ausgeglichen« bedeutet offenbar letztendlich nichts anderes als: »Die meisten Hunde dieser Rasse sind ruhig und ausgeglichen. Es gibt aber auch welche, die sind ganz anders. Sie haben einen geradezu ungezügelten Bewegungsdrang und sind außerordentlich leicht reizbar.« Wie soll es aber enden, wenn so ein »gutmütiges und ausgeglichenes« 60-Kilo-Kalb beim Gassigehen plötzlich Lust auf einen Sprint bekommt und ein Zwölfjähriger am anderen Ende der Leine waagerecht in der Luft hängt?

Für die meisten Familien führt der Weg zum neuen Hund obendrein noch ins Tierheim. »Wir können ja mal gucken.« Erstens liegt es daran, dass man als Elternteil den Wunsch verspürt, den Kindern ein Gefühl für soziale Verantwortung mit auf den Lebensweg zu geben. Zweitens tut man ja wirklich ein gutes Werk, wenn man sich einen Hund aus dem Heim holt. Drittens kann man nirgendwo sonst so viele verschiedene Rassen auf einmal treffen, wenn auch aus traurigem Anlass. Viertens ist das Tierheim so nah und der nächste Züchter vielleicht einige hundert Kilometer entfernt. Und fünftens gibt es den Hund im Tierheim für eine Schutzgebühr, während er beim Züchter bis weit über 1.000 Euro kosten kann. Also – ab ins Tierheim!

Es wird ein Tag, den man so schnell nicht vergisst. Was für ein Lärm! Was für ein Durcheinander! Wie armselig die Hunde untergebracht sind! Die müssen ja durchdrehen! Es ist fast unmöglich, »den« Hund zu entdecken. Denn hier sind alle nervös, hektisch, oftmals auch aggressiv und überreizt. Trotzdem, und das ist schön, finden Tag für Tag Tausende Familien in so einem Tierheim den vierbeinigen Partner, der sie fortan begleiten soll. Und nur eine Minderheit bringt ihn nach wenigen Tagen genervt und enttäuscht ins Heim zurück, weil er nun doch ganz anders als erwartet ist.

Aber egal, ob man ihn im Heim, beim Nachbarn, bei einem Züchter oder auf der Wiese im Stadtpark sieht: Am Ende siegt das Gefühl. Wahrscheinlich ist die Rasse gar nicht so entscheidend. Denn sie ist keine Garantie für einen bestimmten Charakter. Auf uns Menschen kommt es an! Wir werden den Hund spontan lieben, und dann werden wir ihn nehmen.

# Weil sich endlich mal alle einig sind

Meistens läuft es nicht so ab, dass man von einem Züchter zum anderen fährt, sich überall die Welpen ganz in Ruhe anschaut und dann vielleicht beim fünften oder sechsten Züchter »den« Hund entdeckt, der es nun sein soll. Sondern es verliebt sich garantiert die ganze Familie bereits beim ersten Züchter in den ersten oder spätestens den zweiten Welpen, der einem vor den Füßen herumwuselt. Merke: Man verlässt keinen Hundezüchter, ohne sich in einen seiner Welpen zu verlieben! So kommt es gar nicht erst zur zweiten Züchter-Besuchsreise, und schon gar nicht zur fünften. Einmal Welpenschauen heißt, einen davon zu nehmen. Und nun ist sich die ganze Familie ausnahmsweise mal einig.

Wenn man halbwüchsige Gören hat, sind Momente der totalen familiären Harmonie so selten wie Schneegestöber im Juli. Eins der lieben Kinderchen ist immer grundlos genervt, findet alles blöd, fühlt sich ungerecht behandelt, mäkelt herum oder ist eingeschnappt. Einen Tag werden Sie jedoch niemals vergessen, weil es der vermutlich harmonischste Tag des Jahrzehnts ist. Es ist der Tag, an dem die Kinder und Sie einstimmig für »ihn« plädieren. »Den nehmen wir und keinen anderen.« Plötzlich haben alle wieder diesen Glanz in den Augen wie Heiligabend, als die Gören noch klein waren und an den Weihnachtsmann glaubten. Sie schreien nicht, sie flüstern. Sie mäkeln nicht, sie sind selig. Sie streiten nicht, sondern sie knien auf dem Boden und sprechen ganz sanft mit ihrem lieben neuen Mitbewohner, um den sie sich nun aufopfernd kümmern wollen. Sie sind ganz einfach glücklich.

Natürlich ist es kein gewöhnlicher Hund. Er ist der liebreizendste, niedlichste, kuscheligste, intelligenteste und überhaupt der beste Hund, der je das Licht der Welt erblickt hat! Das alles ist hundertprozentig wahr. Genauso wahr wie das Versprechen der Kinder, sich künftig um »ihren« Hund zu kümmern. Aber das können Sie ja noch nicht ahnen. Im Moment teilen Sie mit Ihren Kindern das Glück, gerade einen kleinen Hund ausgesucht zu haben. Sie lieben ihn jetzt schon, gar keine Frage.

### Weil es immer was zu diskutieren gibt

Ich geh jeden Tag mit ihm raus!« »Ihr braucht euch um nichts zu kümmern!« »Morgens muss er mal. Das mache ich natürlich. Dann mittags nach der Schule. Wenn ich die Hausaufgaben fertig habe, mindestens eine Stunde und abends noch mal. Macht mir gar nichts aus, ehrlich!« »Das ist doch klar, dass wir mit ihm Gassi gehen!« »Ihr werdet nicht einmal merken, dass wir einen Hund haben!« »Hund ist Kindersache!« »Wir erziehen ihn auch selbst!« »Das schwören wir!« »Und das Futter, das kaufen wir vom Taschengeld!«

All diese Sätze hallen Ihnen noch in den Ohren, wenn Sie – weil Sie die ewigen Auseinandersetzungen mit dem Rest der Familie leid sind – wieder einmal bei strömendem Regen mit dem Hund Ihrer Kinder Gassi gehen, so wie jeden Tag. Denn es ist seltsam: So sehnsüchtig, wie sich die lieben Kleinen einen Hund gewünscht haben, so schnell verlieren sie das Interesse an dem neuen Hausbewohner. Es ist nicht so, dass sie ihn verabscheuen oder lieber doch keinen Hund hätten. Nein: Sie sind immer noch glücklich, dass es ihn gibt. Sie spielen mit ihm, sie sind lieb zu ihm und versuchen auch, ihm etwas beizubringen. Nur … Obwohl Sie es tausendmal erklärt und in den schwärzesten Farben gemalt haben: Bei Ihren Kindern ist nicht angekommen, dass ein Hund viel Arbeit macht. Sehr viel Arbeit. Da haben Sie offenbar chinesisch gesprochen.

Wochen oder Monate: Wie lange die Kinder sich um »ihren« Hund kümmern, mag variieren. Aber es kommt die Zeit, wo die Freundin, das Kino, die bevorstehende Mathearbeit oder das Open-Air-Konzert wichtiger sind als der Hund. Jedenfalls ist das in den meisten Familien so; man trifft ja beim Gassigehen lauter Eltern, die sich den Hund ebenfalls mal »für die Kinder« zugelegt hatten.

Sie sind sauer, Sie schimpfen, Sie drohen mit allem Möglichen, und Sie verfluchen den Tag, an dem Sie Ihren Kindern nachgegeben haben. Weil es kein anderer freiwillig tut, gehen Sie nun mit dem Hund raus. Aber irgendwann stellen Sie überrascht fest, dass es seit einiger Zeit ja ausschließlich »Ihr« Hund ist. Plötzlich sehen Sie ihn mit ganz anderen Augen! Das ist kein Familienhund mehr, das ist jetzt Ihrer! Und plötzlich lieben Sie ihn noch ein bisschen mehr, als Sie ihn vorher schon geliebt haben.

## Weil er der beste Ehetherapeut ist

Wohl dem Ehepaar, das sich *nur* um die richtige Erziehung des Hundes streitet. Da gibt es sonst ja wohl keinerlei Probleme! Aber eines ist ganz sicher: Heftige Auseinandersetzungen wird es geben. Denn zwei Hundehalter haben drei verschiedene Erfahrungen mit Hunden und mindestens vier unterschiedliche Meinungen, die erst einmal unter einen Hut gebracht werden müssen.

SIE hat ihren Hunden IMMER was vom Teller gegeben und es hat trotzdem KEINER ihrer Hunde jemals danach gebettelt. ER hält das für ausgemachten Käse und ist der festen Überzeugung, dass KEIN Hund JEMALS etwas vom Tisch bekommen darf. SIE schmollt, weil ER sich einmischt. ER ist genervt. SIE gibt nach und verspricht, dass sie dem Hund NIEMALS mehr etwas vom Tisch geben wird. ER ist zufrieden. SIE steht vom Essen auf, nimmt ein Stück kalte Kartoffel mit, geht zwei Schritte und gibt dem Hund die Kartoffel. ER hält das für üble Trickserei. Dann kannst du ihm die Kartoffel doch gleich am Tisch geben! Nein, protestiert sie: AM Tisch darf ich doch nicht. Aber sitze ich vielleicht AM Tisch? Ich stehe, das siehst du doch! Frauen … Da wird man als Mann automatisch sauer, angesichts dieser schreienden Unlogik.

Oder das Thema Sicherheit. Wann darf man einen Hund von der Leine nehmen? SIE ist mutiger als er, aber ER nennt es »leichtsinniger«. SIE findet die Leine im Prinzip unnötig und blöd. ER meint, dass eine lange Laufleine oder die sich selbst aufrollende dem Hund jedwede Bewegungs- und Entscheidungsfreiheit ermöglicht, aber ihm den notwendigen Schutz vor sich selbst gibt. »Erst, wenn du hundertprozentig weißt, dass er dir gehorcht, kannst du ihn losmachen.« »Quatsch!«, sagt sie. »Er muss lernen, dass er zu gehorchen hat, und das kann er nur ohne Leine.« SIE geht mit dem Hund Gassi, macht ihn los, der Hund riecht ein Kaninchen und ist weg. Es beginnt eine endlose Suchaktion mit allerlei Risiken für Mensch und Hund. ER triumphiert – nicht, oder besser gesagt: Er bemüht sich, so zu wirken, als würde er nicht triumphieren. SIE spürt natürlich, dass er doch triumphiert. Nonverbal. Stress liegt in der Luft, aber wie! »Siehste …« »Ich hab doch gleich gesagt …« Sie hat die Runde verloren, obwohl sie vielleicht recht hatte. Im Prinzip.

Oder das Thema Leckerli. SIE findet diese kleinen flachen Belohnungen total blöd und meint, dass sie den Hund auch ohne zur Raison bringt. ER hat immer mit Leckerlis gearbeitet und damit allerbeste Erfahrungen gemacht. Vier Wochen später geht SIE grundsätzlich nicht mehr ohne Leckerlis aus, weil der Hund damit einfach leichter zu überzeugen ist. Nur würde sie natürlich niemals zugeben, dass ER recht hatte. »Siehste …«

Am besten geeignet für eheliche Auseinandersetzungen ist aber das Thema »Misch dich nicht ständig ein«. Wenn beide mit dem Hund unterwegs sind, kann natürlich nur einer entscheiden: Welches Kommando zu welcher Zeit? Was ist dem Hund zuzumuten, was regelt er selbst und wann muss man eingreifen? Zwei Menschen, drei Erfahrungen, vier Meinungen … Hier hilft nur eins: Wie auf einem Schiff gibt der eine das Kommando an den anderen ab. »Ich übernehme ihn.« »Jetzt hast du ihn, okay?« Dann geht's, und der jeweils andere kann auch mal den Blick durch die Gegend schweifen lassen, ohne sich ständig auf das Viech konzentrieren zu müssen, das verdächtig nahe am übel riechenden Güllegraben eine räudige Ratte zu erschnüffeln scheint.

Das Schöne an diesen Auseinandersetzungen ist, dass sie genauso auch auf alle anderen Ehe-Diskussionen zu übertragen sind. Hat man sich erst einmal über den Hund geeinigt, dann einigt man sich nach demselben Schnittmuster über alles. Klare Ansage, keine Tricks und niemals triumphieren … Dafür lieben wir unsere Hunde auch: dass sie uns ungewollt beibringen, wie wir mit unserer menschlichen Partnerschaft umzugehen haben.

Man kann diesen Gedanken weiterspinnen. *Misch dich nicht ständig in meine Angelegenheiten ein!* Und: *Niemals über den anderen triumphieren, auch wenn man im Recht war!* Das sind zwei weitere gute Verhaltensregeln, die für Hund / Mensch ebenso gelten wie für Mensch / Mensch. Es gibt aber noch mehr davon. *Je mehr Liebe du gibst, desto mehr Liebe bekommst du zurück.* Und: *Du solltest immer wieder mal ein Überraschungs-Leckerli aus der Tasche ziehen.* Und: *Wenn du dich aufregst, dann gleich. Schiebe nichts auf die lange Bank und friss nichts in dich hinein.* Gute Erziehungsrezepte für den Hund, gleichzeitig die besten Regeln für jede menschliche Beziehung!

## Weil er uns zeigt, wie sehr wir einander vermissen

Da sitzt man einträchtig auf der Parkbank und guckt glücklich zu, wie der Hund mit anderen Hunden tobt. Pure Ehe-Harmonie! Ab und zu ein Anruf im Büro: »Weißt du, was er jetzt schon wieder angestellt hat?« Der Hund verbindet! Zu zweit und mit dem Hund mit einem Ball spielen, bis einem die Puste ausbleibt: Der Hund macht uns mobil. Stundenlang zu zweit spazieren gehen, anstatt vor dem Fernseher zu sitzen. Mal wieder gemeinsam Regen auf der Haut spüren, denn er muss ja auch bei schlechtem Wetter raus. Gemeinsam beim Tierarzt sitzen und um den Hund bangen. Ablästern über andere Hundehalter: »Guck dir die mal an mit ihrem Köter ...« – köstlich.

Natürlich kann ein Hund keine schlechte Ehe retten. Aber er macht das Zusammensein einfach schöner, weil man a) immer etwas zu bereden hat, weil er b) die Menschen miteinander verbindet, ja, noch enger zusammenschweißt und weil er c) beide so liebt, dass sie gar nicht anders können, als sich gegenseitig auch zu lieben. Und sich das zu zeigen. Die abgrundtief-bedingungslose Liebe des Hundes zu seinen Menschen muss man ja nicht so extrem übernehmen, aber man schneidet sich automatisch eine Scheibe davon ab.

Gerade komme ich nach Hause vom Gassigehen, meine Frau ist nicht da, weil sie nämlich inzwischen zur Arbeit gefahren ist. Der Hund weiß das natürlich nicht. Als wir losgegangen sind, war sie jedenfalls noch da. Nun ist unser Hund auf sein Frauchen fixiert, und ich bin nur die Nummer zwei. Also kommt er rein und sucht sie. Er guckt in die Küche (klar, da vermutet der Macho-Rüde sie zuerst): nicht da. Hm. Er geht ins Wohnzimmer, wo sie manchmal im Ohrensessel ein Buch liest. Hm. Auch nicht da. »Kalt«, sage ich zu dem Hund, »ganz kalt.« (Man ist ja manchmal auch gemein als Mensch.)

Er guckt ins Schlafzimmer: Hält sie vielleicht ein Nickerchen? Nee. Merkwürdig. Er guckt mich an. Ich sage: »Tja, Alter, Pech gehabt: ist nicht da. Musst heute mit mir vorliebnehmen.« Er legt sich hin und schnauft, was bei ihm bedeutet: »Ach, wie schade.« Er legt sich so hin, dass er mir den Rücken zukehrt. Was bei ihm bedeutet: »Du kannst Frauchen nie ersetzen, und ich bin jetzt eingeschnappt.« Wenig später erhebt er sich dann schwerfällig, geht um den Tisch herum, an dem ich dieses Buch schreibe, zwängt sich mühsam unter der Tischplatte durch, legt seinen Kopf auf meinen Schoß und schnauft schon wieder, was diesmal bedeutet: »Ich bin so traurig, dass sie nicht da ist.« Ich streichle ihn und sage: »Ja, Alter. Ich bin auch ganz traurig. Aber es hilft ja nichts. Da müssen wir beiden Männer jetzt durch.«

Woraufhin er sich verabschiedet und eine Amsel jagen geht. Danach setzt er sich dann ans Hoftor und guckt durch das Zaungitter, denn wenn Frauchen fort ist, wird Frauchen irgendwann wiederkommen, die Auffahrt herauffahren und aus dem Auto steigen, das wird sie ganz bestimmt, sagt ihm die Lebenserfahrung. Nur wann?

Er legt den Kopf schief und guckt und guckt. Stundenlang macht er das manchmal, wenn wir alleine sind. Aber mir wird in diesem Moment, wo ich ihm zuschaue, so klar, dass ich sie eigentlich auch ganz doll vermisse! Nur wäre mir das ohne ihn heute gar nicht so bewusst gewesen. Ach, du lieber Hund:

Du zeigst uns, was wir ohne dich zwar auch wüssten. Dass wir uns nämlich gegenseitig brauchen, wir beiden Menschen. Aber ohne dich würden wir das manchmal vielleicht vergessen.

# Weil der Hund wie ein Kind ist

Es ist natürlich zynisch und platt, wenn man zu jemandem, der keine Kinder kriegen kann, sagt: »Dann schafft euch doch einen Hund an.« Eine geschmacklosere Bemerkung ist wohl kaum denkbar. Außerdem »schafft« man sich keinen Hund »an«, sondern man »kriegt« einen Hund, oder man »entscheidet« sich für einen Hund, aber dafür haben wir im Deutschen keine richtige gängige Redewendung. Also: »Schafft euch doch einen Hund an« ist total daneben. Aber falsch ist es nicht.

Kinder und Hunde haben nämlich ganz zweifellos eine Menge gemeinsam. Beide brauchen unsere Fürsorge den ganzen Tag. Außer wenn sie schlafen. Beide wollen etwas lernen, und das macht ihnen Spaß. Beide sind bisweilen total nervig, und man wünscht sich dann, damals anders entschieden zu haben. Kinder und Hunde kann man lieben ohne Anfang und Ende. Kinder und Hunde brauchen eine Menge Erziehung, und Strenge hat beiden noch nie geschadet.

Sie brauchen auch jede Menge Zuwendung, das ist klar. Während Kinder aber irgendwann einmal groß werden und ihre eigenen Wege gehen, bleibt der Hund immer wie ein Kind. Und zwar bleibt er, sagen wir mal, auf dem Entwicklungsniveau eines Zweijährigen stehen. Das ändert sich nie. Auch wenn er schon zwölf oder noch älter ist, also ein Hunde-Opa: Immer noch dieselben Rituale, immer noch dieselben simplen Worte, die er nun einmal kennt und auf die er hört. Er spielt noch so gern wie früher als Welpe, nur kann er nicht mehr so rennen. Er ist noch so frech wie damals, allerdings altersweise und entsprechend verträglich. Oder altersbedingt schlecht gelaunter und entsprechend unverträglicher. Er tobt noch so gerne, er wird nur schneller müde.

Aber bei allem ist er immer noch wie ein Kleinkind. Wir kennen viele Paare, die keine Kinder bekommen konnten oder keine haben wollten und die mit ihren Hunden total glücklich und ausgelastet sind – so wie »richtige« Eltern. Aber das soll nur ein Liebes-Argument für Hunde sein, und kein Argument gegen Kinder. Denn es gibt kein Argument gegen Kinder.

## Weil er Oma und Opa glücklich macht

So ein Hund hat schon viele Generationen zusammenge-schweißt, und auch dafür lieben wir ihn. Denn jeder, der einen Hund hat, will auch mal in den Süden fliegen. Das ist jedoch etwas schwierig mit einem Hund. Man müsste ihn in eine Kiste zwängen, vorher wahrscheinlich mit irgendeinem Narkosemittel ruhigstellen, und wie er sich dann fühlt im Laderaum – na, ich weiß ja nicht. Nach Teneriffa zum Beispiel fliegen wir mit Umsteigen über sechs Stunden. Teneriffa ist auch viel zu heiß für einen langhaarigen Hund, der schon im Nordseesommer fast verrückt wird und gar nicht mehr raus-kommt aus dem Schatten. Er liebt den Wind, Kälte interessiert ihn nicht, Regen inspiriert ihn, aber 35 Grad im Schatten? Nichts für unseren Hund. Trotzdem möchten wir mal aus dem Schietwetter raus und einige Wochen entspannen. Wer kümmert sich in der Zeit um unseren Hund?

Natürlich gibt es wunderbare Hundehotels. Aber manch einer muss rechnen und kann sich das gar nicht leisten. Es gibt welche in Großstadt-Nähe, die nehmen 35 Euro pro Tag! Dann gibt es Hunde, die sollen nicht so viel toben. Wer achtet darauf, wenn sie nur ein Gast unter vielen sind? Es gibt doch keinen Spezial-Betreuer, der sich nur um unseren Hund kümmert! Nein, nein: Am besten ist es, wenn der Hund in der Familie bleibt.

Und da kommen nun Oma und Opa wieder ins Spiel. Seit

die Enkel groß sind, werden sie ja nicht mehr so oft gefragt und hatten sich eigentlich schon damit abgefunden, dass sie nun auf dem Altenteil sind. Plötzlich gibt es wieder eine Aufgabe für sie. Sie können sich doch bei den Kindern einquartieren und ein paar Wochen auf den Hund aufpassen! Ideal wäre das für alle Beteiligten. Schließlich hatten sie früher selbst Hunde. Jetzt möchten sie keine mehr, aber so als Urlaubsvertretung? Das lässt sie aufleben, da haben sie eine schöne Aufgabe.

Ja: Oma und Opa werden wieder dringend benötigt, auch wenn es nicht mehr um Kinder-, sondern jetzt um die Hundebetreuung geht. Und natürlich lieben sie den Hund gleich so sehr, dass sie die Zeit bis zum nächsten Sonnen-Urlaub kaum noch abwarten können. Och, da hätten wir eine Idee: Nächstes Wochenende sind wir doch zu dieser Party eingeladen und würden gern über Nacht bleiben … Könnt ihr nicht einspringen …?

## Weil Kinder mit Hunden Verantwortung lernen

E s ist ja nicht grundsätzlich immer so, dass die lieben Kleinen erst einen Hund wollen und die Plackerei dann letztendlich doch an den Eltern hängen bleibt. Sondern es gibt auch viele Kinder, die ihre neue Aufgabe ernst nehmen und sich jahrelang rührend und liebevoll um »ihren« Hund kümmern. Was sie dabei an sozialer Kompetenz lernen, kann nichts anderes ersetzen. Außer einem kleinen Geschwisterchen vielleicht. Aber das wird ihnen ja nicht selbst überlassen, sondern sie sind nun eben die Älteren und vermissen die ungeteilte Zuneigung ihrer Eltern, weil die ihre Liebe jetzt auf mehrere Kinder verteilen müssen. Ein Kind, das einen Hund hat, lernt Verantwortung ganz von allein. Es muss auf andere Rücksicht nehmen, es muss vorausdenken, es muss erziehen und die Eigenheiten anderer akzeptieren lernen. Ganz davon abgesehen, dass Kinder mit Hunden sowieso glücklicher aufwachsen: weil immer jemand da ist, der ihnen zuhört – auch wenn sie sich ansonsten von allen missverstanden fühlen.

So ein kleiner Hund macht ein Kind obendrein sehr stolz. Stundenlang übt es mit seinem Liebling irgendein kleines Kunststück ein. Das ist keine vertane Zeit und keine Zirkus-Spielerei: Für den Hund ist es Arbeit. Und wenn er begriffen hat, was er tun soll, macht das kindliche Selbstbewusstsein einen mächtigen Sprung nach oben. Also lieben wir unsere Hunde auch, weil sie die Entwicklung unserer Kinder positiv fördern!

## Weil Computer plötzlich langweilig sind

Sie werden Ihr Kind nicht wiedererkennen. Der Hund treibt es an die frische Luft! Jahrelang haben Sie das versucht. Mit mäßigem Erfolg: Der Computer war allemal reizvoller als der Stadtpark. Jetzt aber: schnell die Hausaufgaben machen und ab zum Toben! Auf der Hundewiese warten schon die anderen. Neue Freundschaften werden geschlossen. Jeder will zeigen, was der eigene Hund schon alles kann, wie gut er doch gehorcht und wie schnell er laufen kann. Rote Bäckchen, strahlende Augen. Es gibt auch mal Streit, Rauferei und Tränen; das gehört dazu. Die Kinder machen es den Hunden nach: Sie raufen sich irgendwie zusammen und bilden ein Rudel mit eigener Hierarchie. Mit Anführern, Mitläufern, Lauten, Leisen, Dominanten, Unterworfenen, Pfiffigen und Trägen. Jeder findet seinen Platz. Und jeder findet, dass sein Hund doch der schönste und beste von allen ist.

»Wenn du unbedingt einen Hund willst, dann bekommst du einen. Aber dann wird die Zeit am Computer eingeschränkt. Pro Tag maximal eine halbe Stunde, und zwar konsequent.« Das sagte eine Mutter aus unserem Bekanntenkreis zu ihrem zwölfjährigen Sohn, den man ohne Übertreibung als computersüchtig bezeichnen konnte. Der Sohn war mit dieser Regelung sofort einverstanden. Er bekam seinen Hund und war fortan mit ihm voll ausgelastet. Und zwar so sehr, dass er die halbe Stunde am Computer gar nicht mehr erübrigen konnte. Daraufhin überredete er seine Mutter zu einem neuen Deal: »Wenn ich einen Tag gar keinen Computer spiele, dann kriege ich einen Gutschein über dreißig Minuten und kann ihn dann später einlösen.« Nach einer Woche hatte er sieben Gutscheine, die ihm dreieinhalb Stunden Computerspielen ermöglicht hätten. Er hat sie bis heute nicht eingelöst und die Sache mit den Gutscheinen dann auch irgendwann vergessen.

## Weil er die ausgeflogenen Kinder zurückbringt

Es kommt der Tag, da ist das Kind plötzlich groß und zieht aus. Die Eltern sind erstmals allein und, wie es ihnen scheint, über Nacht um Jahrzehnte gealtert. Ein neues Leben beginnt. Es ist still geworden im Haus. Zwar hat man endlich mehr Platz für sich, aber eigentlich braucht man gar nicht so viel Platz. Wehmütig blättert man in alten Fotoalben. Ach, wie war das Kind so süß! Und jetzt … ist es weg. Nur der Hund ist einem noch geblieben.

Aber schon klingelt das Telefon. »Was macht mein Hund? Ich könnte am Wochenende nach Hause kommen und gleich meine Wäsche mitbringen! Bügeln kann ich immer noch nicht … Was kochst du denn?« Alles ist so wie früher. Am besten räumt man das Kinderzimmer gar nicht erst aus. Denn auf die eigenen Eltern kann das Kind vielleicht verzichten. Aber doch nicht auf den eigenen Hund! Na gut: Auf Mamas Küche auch nicht. Und auf ihre Waschmaschine. Und auf ihre Bügelkünste.

Die Eltern in Hamburg. Die Tochter studiert in Göttingen. Ihre Bude ist eine WG, in der keine Hunde erlaubt sind. Also bleibt der Hund (»vorerst«, betont die Tochter) bei den Alten. Für die macht es keinen großen Unterschied, denn so richtig hat sich das Kind eigentlich nie um den Hund gekümmert. Jetzt aber, wo die Tochter ausgeflogen ist, entdeckt sie ihre Liebe zum Hund. Fast jedes Wochenende setzt sie sich in den Zug, hat ihre Bücher dabei und lernt mit dem glücklichen Köter im Park. Das geht jetzt schon im dritten Semester so. »Ohne den Hund«, sagt die Mutter, »würden wir sie bestimmt nicht so oft sehen. Eigentlich möchte sie selbstständig sein und ihr Leben ganz ohne uns führen. Andererseits ist sie aber noch so kindlich und hat bestimmt oft Heimweh. Nach uns oder nach dem Hund? Mir ist das egal. Hauptsache, sie kommt!«

# KAPITEL 5

## Nachbarn

## Weil so ein Hund gesprächig macht

Möchten Sie gern Ihre Ruhe haben und möglichst von keinem Nachbarn angesprochen werden? Vergessen Sie's. Ihr Hund wird ganz von alleine dafür sorgen, dass Sie Kontakt zu Ihren Nachbarn kriegen. Erstens ist es ihm völlig egal, ob Sie eher menschenscheu sind. »Hey, wer wohnt denn hier? Hat der vielleicht auch einen Hund, mit dem man spielen könnte?« Schwanzwedelnd kläfft er sich am Nachbarzaun entlang und begrüßt freudig erregt jeden, den er kennt oder kennenlernen möchte. Zweitens hatte fast jeder Nachbar schon mal einen Hund, und wenn's in den grauen Vorzeiten seiner Kinderzeit war. Oder er kannte mal einen, der auch so einen Hund hatte. Jedenfalls herrscht Gesprächsbedarf. Selbst absoluten Hunde-Laien fällt zum Thema Hund irgendetwas ein. Hunde sind nicht nur kommunikative Wesen, sondern sie machen auch uns Hundehalter zwangs-kommunikativ! Welche Rasse, wie alt, was frisst er denn, was kann er denn schon, wie oft muss man denn raus mit so einem Hund: Die Themenpalette ist endlos. Und wer gar nichts zu erzählen hat, der erzählt wenigstens, warum er keinen Hund hat. Unmöglich, mit dem Hund durchs Viertel zu spazieren und gar nicht zu sprechen.

Es gibt auch Nachbarn, die haben zwar keinen Hund – aber sie hätten gerne einen. Nun sind Sie dort in die Nachbarschaft gezogen. Das weckt Begehrlichkeiten. Will man denn nicht auch mal im Winter gen Süden fliegen und wüsste den Hund gern in guten Händen? Das wäre kein Problem. »Wissen Sie, mein Mann hat sich ja immer einen gewünscht. Aber es hat sich einfach nie so ergeben. Wenn Sie mal Hilfe brauchen ... Dann hätte er doch wieder eine Aufgabe und würde nicht den ganzen Tag bei mir zu Hause hocken!« Das Thema Urlaub wäre also auch schon mal geklärt: Der Hund ist jedenfalls versorgt.

# Weil man den neuesten Klatsch erfährt

Wenn Sie Glück haben, gibt es im Viertel nicht nur Ihren Hund. Sondern ganz viele. Natürlich haben alle denselben Tagesrhythmus: Morgens, mittags, abends raus und nachts noch einmal vorm Schlafengehen. Warum dann nicht gleich mit mehreren los, jeden Tag dieselbe Runde? Man kann sich ein bisschen unterhalten (kommunikativ sind Sie ja dank der Bemühung Ihres Hundes zwangsweise geworden, siehe voriges Kapitel), man erfährt den neuesten Klatsch, und die Hunde spielen miteinander. Natürlich gibt es auch echte Kotzbrocken, unter den Menschen wie unter den Hunden. Denen geht man aus dem Weg, stellt aber irgendwann fest: Vielleicht sind sie etwas eigenwillig, aber einen guten Kern haben sie doch. Die Hunde beißen sich weg, gehen sich aus dem Weg und vertragen sich wieder. So machen Sie das auch. Wo wären Sie jetzt ohne Hund? Zu Hause vorm Fernseher. Da würden Sie aber was verpassen!

So eine kleine Nachbarschafts-Clique mit lauter Hunden hat eigentlich nur Vorteile. Sofern es (bei aller Sympathie) gelingt, die eigene Privatsphäre zu schützen! Vermutlich möchten Sie ja auch mal allein in Ihrem Garten sitzen und ein gutes Buch lesen, während der Hund neben Ihnen im Gras liegt und vor sich hindöst. Garantiert gibt es nun hundefreundliche Nachbarn, die das nicht wahrhaben wollen und sich über die Hundeschiene klammheimlich in Ihr Leben einschleichen. Da hilft manchmal nur ein klares Nein mit dem Risiko, dass Sie für eine Zeitlang selbst als menschenscheu und eigenbrötlerisch gelten. Was Sie ja ursprünglich auch mal gewesen sein mögen ... Wenn Sie da aber den richtigen Mittelweg finden und immer ein bisschen Distanz wahren, dann haben Sie gleichzeitig Ihre Ruhe *und* gute Kontakte. Sagen Sie Danke zu Ihrem Hund.

# Weil sich mancher Nachbar als halber Tierarzt erweist

Das Schöne an Nachbarn mit Hunden ist, dass sie für alles einen guten Rat wissen. Egal, ob Ihr Hund nicht gehorcht, ob er alles zerbeißt, notorischen Durchfall, Würmer oder Zecken hat: Der Nachbar hatte auch schon mal einen, der ... Und bei dem hat ... Und dann ... Sagen Sie bloß nicht, dass Ihr Tierarzt das alles doch viel besser weiß! Manch ein Rat ist so verblüffend einfach, dass er ins Denken eines Mediziners einfach nicht hineinpasst. Aber es kann passieren, dass er trotzdem nicht schlecht ist.

Nehmen wir einmal an, Ihr Hund hat einen »Hot Spot«. Das ist zwar keine echte Hautentzündung, sieht aber so aus. Eine Art Ekzem, nässend, stinkend und juckend in großflächig befallenen Hautpartien. Was Ihr Tierarzt rät, schlägt nicht so recht an und hat auch etliche Nebenwirkungen, zumal bei einem jungen Tier. Und Sie haben ein junges Tier. »Egal«, sagt der Tierarzt, »besser, wir nehmen die Nebenwirkungen in Kauf.«

Nach einer Weile bekommen Sie ernsthafte Bedenken und gehen zu einem anderen Tierarzt. Der schlägt die Hände überm Kopf zusammen: »Wie kann man einem so jungen Tier ...«, und er erzählt von gebremstem Knochenwachstum und anderen Folgen, die Sie bisher »in Kauf« genommen hatten. Es zeigt sich, dass dieser zweite Tierarzt ein wahrer Freund der Tier-Homöopathie ist. Wie ein Kräuterhexlein mixt er vor Ihren Augen ein obskures Gebräu zusammen, das angeblich schon vielen Hunden geholfen hat. Es ist nicht billig, aber dafür selbstgemacht. Er rät Ihnen auch dringend, das Futter umzustellen. Wie's der Zufall will, hat seine Sprechstundenhilfe draußen an der Rezeption die reinste Tierfutterhandlung, und alle Riesentüten sind genau von dem Fabrikat, das Ihnen der Arzt gerade empfohlen hat. Nanu! So ein Glück aber auch! Zwar zucken Sie leicht zusammen, als Sie den 15-Kilo-Preis erfahren, aber was soll's: Wenn doch nur das Tier wieder gesund wird. Also schleppen Sie einen Sack zum Auto und sind ein kleines Vermögen los.

So richtig hilft das alles aber auch nicht. Natürlich waren sie zwischendurch im Internet, fast täglich sogar. Sie haben sich schlaugemacht und festgestellt, dass es zum Thema Hot Spot ungefähr so viele Meinungen wie Einträge gibt, und das sind knapp über 100.000.[*] Schwer zu sagen, welchem Sie trauen können.

Es hilft nichts: Nun müssen die Experten ran. Anruf in der 150 Kilometer entfernten Universitätsklinik für Kleintiere. Wenn da kein guter Rat zu haben ist, wo dann? Das wolle man sich gern einmal ansehen, sagt der Assistenzarzt am Telefon. Also setzen Sie sich ins Auto und fahren hin. Sie erfahren eine Menge über Hot Spots, was Sie noch nicht wussten. Sie bekommen auch ein Medikament verordnet, dessen Namen Sie bisher noch nicht kannten. Und Sie bekommen eine gute Empfehlung: Er habe eine Liste von Fachärzten, sagt der Universitätstierklinikarzt, die auf Hot Spots spezialisiert seien, und dorthin möge man sich wenden. Auf diese Weise erfährt man, dass es tatsächlich Hautärzte für Hunde gibt. Es gibt auch Herz-Kreislauf-Spezialisten nur für Hunde. Augenärzte sowieso. Aber das war Ihnen bisher gar nicht bewusst.

* Googeln Sie mal »Hot Spot, Hunde«.

Die Tierhautärztin oder Fachärztin für Tierhaut oder Hautärztin für Tiere hält alles für falsch, was ihre Allgemeintiermediziner-Kollegen und auch der Universitätstierklinikarzt verordnet haben. Was den Futterwechsel angeht, so möchte sie diesen gern sofort wieder rückgängig machen und zum altbewährten und auch billigeren zurückkehren. Nur zu den homöopathischen Künsten ihres Kräutermix-Kollegen hat sie gar keine Meinung, denn von diesem Gebräu hat sie noch nie gehört. Sie nimmt sich richtig Zeit und schickt was ins Labor. Nach einer Stunde stehen Sie wieder an der Rezeption dieser piekfeinen Hauttierklinik oder Tierhautklinik und sind beim Bezahlen froh, dass EC kein Problem ist. Cash hätten Sie das nicht in der Tasche gehabt.

Nun erzählen Sie beim Gassigehen Ihrem Nachbarn von dieser Odyssee durch Tierarztpraxen. Der gute Mann war bis gestern in Urlaub und hatte das Drama noch gar nicht mitgekriegt. Er sagt: »Mein Hund hatte auch mal einen Hot Spot. Dem hat Kernseife geholfen.«

Zwei Tage später ist der Hot Spot weg. Und Sie danken Ihrem Hund für die Erkenntnis, dass Nachbarschafts-Tipps übern Gartenzaun im Leben manchmal die allerbesten sind.

# Weil Grillen ohne Hund wie Angeln ohne Wurm ist

Wo Nachbarn sind, da ist auch Nachbarschafts-Grillen angesagt. Das allerdings ist nicht jedermanns Sache. Die Frauen unterhalten sich die ganze Zeit über ihre Kinder, die Männer trinken Bier und unterhalten sich die ganze Zeit über ihre Autos. Vor allem Singles, die mehr aus Höflichkeit zum Nachbarschafts-Grillen eingeladen werden, fühlen sich dabei mitunter herzlich unwohl und sind froh, wenn sie wieder zu Hause sind.

Aber waren Sie mal mit Ihrem Hund beim Nachbarschafts-Grillen? Das ist ein Erlebnis. Jetzt macht Grillen erst richtig Spaß. Denn für einen Hund ist Nachbarschafts-Grillen so wie Weihnachten, Ostern und Pfingsten an einem Tag. Da können Sie gar nicht anders: Seine gute Hundelaune steckt Sie einfach an. Und plötzlich fühlen Sie sich auch nicht mehr so unwohl wie am Anfang.

Die anderen Hunde aus der Nachbarschaft sind auch alle da und genauso erwartungsfroh, wenn die Kohle glimmt. Dumm sind sie alle nicht. Sie wissen, was kommt. Solange toben sie auf der Wiese herum, wälzen sich fröhlich im Gras, knabbern an Nachbars Blumen und strecken – Zeichen äußersten Frohsinns – auf dem Rücken liegend alle viere in die Luft, damit die anderen Hunde schön an ihren Geschlechtsteilen schnüffeln können. Das ist lustig, das macht Spaß.

Derweil fängt die Kohle an, langsam heiß zu werden, und

schon öffnen sich die ersten verschweißten Wurstpackungen. Eine Welle von Wurstgeruch erreicht die Hundenasen, und es läuft ihnen schon unisono der Sabber aus dem Maul. Je größer der Hund, desto stärker der Sabber. Die ganz großen schütteln sich vor Vergnügen und Appetit, und dabei fliegt ihr Sabber wie Schaum auf Nordseewellen weit durch den Garten.

Jetzt wird die erste Ladung auf den Rost gepackt. Wohin man auch tritt, stolpert man über einen Hund. Sie lauern, luschern, schnappen, huschen, springen, fangen, kauen, schmatzen. Irgendwas fällt immer ab. Hier ein Stück Baguette. Da eine Kartoffel. Die eine Wurst ist verkohlt und wird entsorgt: Her damit! Die andere wird nur halb gegessen und bleibt auf dem Pappteller liegen: Mehr davon! Nachbarschafts-Grillen ist für Hunde ein tierisches Volksfest, weil keiner so genau auf seinen eigenen Hund achtet. Irgendwann sind dann alle Menschen leicht angeschwipst, und die Hunde machen sich listig über die blauen Mülltüten her. Unglaublich, was diese Menschen alles wegwerfen ... Am nächsten Morgen haben Sie eine Menge neue Freunde, mit denen Sie sich angeblich seit gestern duzen. Ihr Hund hat auch eine Menge neue Freunde. Und Durchfall. Weil er doch eigentlich gar kein gewürztes Fleisch verträgt.

## *Weil die Oma von nebenan wieder aufblüht*

Wenn Sie gerade erst eingezogen sind und sich bei Ihren neuen Nachbarn vorstellen, dann nehmen Sie unbedingt Ihren Hund mit! Es sei denn, er muss aus gesetzlichen Gründen einen Maulkorb tragen und findet fremde Menschen eher widerwärtig. Dann ist er vielleicht doch nicht der richtige Begleiter für den Antrittsbesuch.

Wenn es aber so ein kleiner ist mit einem lustigen Gesicht, dann öffnet er Ihnen alle Herzen und die Türen sowieso. Eigentlich macht der Hund seinen Antrittsbesuch, und Sie sind nur die Begleitung.

Niemand wird beim Kaufmann erzählen: »Bei uns im Zweiten ist jetzt so eine ganz nette Person eingezogen.« Sondern sie erzählen: »Bei uns im Zweiten haben wir jetzt einen Hund, der ist ja vielleicht süß!«

Oma von nebenan ist Fremden gegenüber äußerst misstrauisch, gilt als sonderbar und hat eigentlich gar niemanden, der mit ihr sprechen möchte. Hin und wieder schleppt sie sich zum Einkaufen, dann sitzt sie stundenlang am Fenster, schaut hinaus und denkt über früher nach. Ihren Lebensmut hat sie verloren, als ihr Mann gestorben ist. Jetzt aber auf ihrem Plüschsofa, der Hund sitzt zu ihren Füßen und lässt sich kraulen, da lebt Oma plötzlich wieder auf. Aber wie! Mit leuchtenden Augen erzählt sie von früher, als sie in Pommern auf dem Land lebte und auch immer Hunde hatte. Wie gerne würde sie den Kleinen einmal mitnehmen in den Park, wenn man selbst keine Zeit hat!

Sie können gar nicht Nein sagen. Auch Ihr Hund scheint zu spüren, dass er hier eine neue Aufgabe hat, und dafür lieben Sie ihn: Gemeinsam retten Sie Oma.

## *Weil er Kinderaugen strahlen lässt*

Es gibt doch nichts Schöneres, als in die glücklichen Augen eines Kindes zu sehen. Dazu werden Sie mit Hund reichlich Gelegenheit haben. Kinder lieben Hunde. Vor allem Welpen haben es ihnen angetan. Die ganz kleinen sowieso. Aber fast noch putziger sind ja die großen Rassen mit riesigen Tatzen und einem unverhältnismäßig großen Kopf. Dazu noch dieses wuschelige Langhaar! Die Kinder aus der Straße werden Ihnen schon bald die Bude einrennen. »Dürfen wir mit ihm spielen?« »Dürfen wir ihn ausführen?« Ihr Hund hat schon bald so viele Kinderfreunde, dass ihm niemals langweilig wird. Ein Nachbarskind sucht er sich dann aus. Das wird sein Liebling, und fortan sind die beiden unzertrennlich.

Kinder hocken manchmal stundenlang mit so einem kleinen Hund zusammen, streicheln ihn und flüstern ihm Geheimnisse ins Ohr, die außer ihm nur noch ihr Teddy wissen darf. Dem Hund ist es recht. Hauptsache, es kümmert sich jemand um ihn. Er hört aufmerksam zu, er schnauft und fiept an der richtigen Stelle, er wedelt mit dem Schwanz und schaut so abgrundtief liebevoll zu dem Kinderfreund auf, dass Sie beinahe eifersüchtig werden könnten. Wenn es nicht so schön wäre, zwei glückliche kleine Lebewesen friedlich vereint zu sehen.

# Weil Hunde Menschenkenntnis besitzen

Es ist immer wieder erstaunlich, wie unsere Hunde böse Menschen von guten unterscheiden können. Wenn Sie einen flüchtigen Bekannten auf der Straße treffen und Ihr Hund dreht ihm demonstrativ den Rücken zu oder er knurrt ihn sogar an, was sonst gar nicht seine Art ist: Sie können ganz sicher sein, dass mit dem irgendwas nicht stimmt! Hunde haben viel mehr Feingefühl als wir Menschen. Sie sind noch emotionaler als Frauen, und das will schon was heißen. Sie fühlen schwarz-weiß und ohne Zwischentöne: gut / nicht gut. Gut ist sehr gut, nicht gut ist schlecht.

Zurzeit haben wir einen wirklich extrem menschenfreund-lichen Hund, auf den das Attribut »ohne Arg und Fehl« hundertprozentig zutrifft. Er hat (zum Glück oder leider, das wissen wir nicht so genau) noch nie schlechte Erfahrungen machen müssen: weder mit anderen Hunden (weil er allein durch seine Figur eine gewisse Dominanz ausstrahlt und fiese Kläffer souverän ignoriert) noch mit Menschen: Einen richtig bösen hat er einfach noch nie getroffen. Trotzdem unterschei-det er knallhart zwischen »Den mag ich« und »Den mag ich nicht«. Im letzteren Fall zeigt er sich regelmäßig von seiner ignorantesten Seite. Er missachtet den ungeliebten Menschen demonstrativ. Und nur selten liegt er mit Sympathie und Anti-pathie daneben.

Vertrauen Sie Ihrem Hund, wenn er einen Nachbarn mag!

Seien Sie skeptisch, wenn er jemanden ablehnt! Hunde haben eine unglaublich gute Menschenkenntnis. Und oftmals sind sie ehrlicher als wir Menschen, denn Begriffe wie »Höflichkeit« oder »Anstand« sind ihnen fremd.

Unser Hund pflegt Menschen also zu ignorieren, wenn er sie ablehnt. Niemals würde er die Zähne fletschen oder sie anbellen. Die Kehrseite dieser grenzenlosen Gutmütigkeit ist natürlich, dass er als Wachhund eher ungeeignet zu sein scheint, aber auch das ist nicht belegt: Woher sollen wir wissen, wie er sich im Ernstfall verhalten würde, zum Beispiel einem Einbrecher gegenüber? Jedenfalls würden wir nicht darauf wetten, dass dieses gutherzige Ungeheuer Eindringlinge beherzt vertreibt. Aber auf seine »Nase« können wir uns, was Menschen angeht, hundertprozentig verlassen.

So wie der Hund Menschen mag oder nicht, so mögen wir Menschen Hunde. Oder eben nicht. Auch daran kann man leicht erkennen, ob jemand ein gutes Herz hat oder eher mit Vorsicht zu genießen ist. Sie bewerben sich um eine Wohnung und sagen natürlich gleich, dass Sie einen Hund haben. Wie erkennen Sie einen netten Vermieter? Der sagt: »Ein Hund, wie schön! Gar kein Problem! Was für einen haben Sie denn?« Mit diesem Vermieter werden Sie kaum Schwierigkeiten bekommen. Er ist auf jeden Fall nicht nur tierlieb, sondern auch sonst tolerant und entspannt. Hüten Sie sich vor Vermietern, die keine Hunde in ihrem Haus haben wollen: Die haben gegen sehr vieles etwas einzuwenden. Nicht nur gegen Hunde!

# Weil sie dem Nachbarn die schlechte Laune vertreiben

Es gibt wirklich unangenehme Nachbarn! Fiese Spießer, die in jeder Suppe ein Haar finden und die ihre Daseinsberechtigung darin sehen, im Haus für »Ordnung« zu sorgen. Als neuer Nachbar sind Sie erst einmal ein gefundenes Fressen für diese grässliche Sorte Mensch. Was Sie zu tun und zu lassen haben, wird Ihnen ausführlich erklärt. Wo die Kinderkarre zu parken hat, wann die Waschmaschine laufen darf und wie das mit dem Grillen auf dem Balkon ist: Der fiese Nachbar hat für alles eine Regel.

Und was wollen Sie dem entgegensetzen? Schließlich möchten Sie ja möglichst mit allen im Haus gut auskommen und nicht gleich mit Stress anfangen. Wie schön, dass Sie einen Hund haben! Dem ist das alles nämlich herzlich egal. Er beschließt einfach, dass dieser Nachbar ein netter Mensch ist, und begrüßt ihn mit so viel Freude, Liebe und Sympathie, dass dem Fiesling seine ständigen Ermahnungen und Regeln im Hals stecken bleiben. Er muss ja erst einmal Ihren Hund streicheln, der an seinem Hosenbein hochspringt und sein Recht fordert. Der Hund ist freundlich – der fiese Nachbar wird es auch sein. Und Sie lieben Ihren Hund dafür, dass er einem griesgrämigen Fiesling den Wind aus den Segeln genommen hat.

So ein Hund weckt die guten Seiten in den Menschen, auch wenn sie unter den Trümmern eines verkorksten Lebens verschüttet und vergraben sein mögen. Über Hunde kann man sprechen (schon wird die Kommunikationsfähigkeit neu entdeckt), Hunden kann man die Hand entgegenstrecken (auf jemanden zugehen! Wie lange schon nicht mehr?), Hunde kann man streicheln (Austausch von Zärtlichkeiten, fast schon vergessen), beim nächsten Treffen hat man vielleicht ein Leckerli oder einen Keks in der Tasche (Geschenke machen! Aber man war ja immer allein!), Hunde begrüßen einen mit freundlichem Schwanzwedeln (es muss Jahrzehnte her sein, dass sich jemand so sehr übers Wiedersehen gefreut hat), über Hunde kann man sich freuen und darf es auch zeigen (Gefühle äußern ohne Misstrauen und die Angst, enttäuscht zu werden).

Seien Sie deshalb nachsichtig mit Ihrem brummigen Nachbarn, wenn er zu Ihnen so abweisend ist wie zu jedem und nur Ihren Hund zu schätzen weiß. Sie mögen es eigentlich nicht, wenn jemand den Hund anfasst? Drücken Sie ein Auge zu. Der Hund darf eigentlich keine Kekse annehmen? Übersehen Sie es dezent. Der Hund ist vielleicht gerade dabei, die Krusten und den Schorf von einer alten vernarbten Seele zu lecken, bis der herzensgute Kern zum Vorschein kommt. Ist das nicht ein liebenswertes Vorhaben?

## Weil die Nachbarn so schön was zu tuscheln haben

Nun sind ja nicht alle Hunde so freundlich, klein und niedlich, dass selbst der fieseste Nachbar ihnen sein Herz öffnet. Es kann ja auch sein, dass Sie mit einem recht gefährlich wirkenden Untier ausgestattet sind, das sogar einer Straßenlaterne die Zähne zeigt und ohne Maulkorb nicht einmal das Körbchen in der Küche verlassen darf.

Wenn das so ist, dann werden Sie sehr schnell feststellen: Der Hund prägt Ihr Image in der Nachbarschaft mehr und vor allem schneller als alles, was Sie selbst dazu beitragen könnten. »Meine Nachbarn glauben alle, dass ich eine Nobel-Prostituierte bin«, lacht Chefsekretärin Ines K. (32) aus Hamburg-Farmsen, »nur weil ich einen Pitbull habe. Der ist zwar total lieb und allenfalls etwas trottelig, aber das weiß ja keiner. Die denken alle, dass ich ihn zum Schutz vor aggressiven Freiern brauche. Ich war noch nicht mal eingezogen, da machte das schon die Runde in der Straße. Mir ist es recht so. Die Weiber belästigen mich nicht mit ihrem blöden Getratsche, und die Männer gucken mir hinterher nach dem Motto: Wie die wohl im Bett sein mag … Das amüsiert mich köstlich. Und weil mein Freund auch noch einen alten Ami-Schlitten fährt und etwas breitschultriger ist, halten ihn alle für meinen Zuhälter. Nur wegen unseres Hundes! Dabei ist mein Freund bei der Kripo!«

Mit einem gefährlich wirkenden Hund an Ihrer Seite ist das Leben manchmal beschwerlicher (zum Beispiel wenn Sie ihn mit anderen Hunden spielen lassen möchten; nicht alle Besitzer von Schoßhündchen halten das für eine gute Idee!), aber manchmal ist es auch einfacher. Als Frau können Sie zum Beispiel nachts durch den dunkelsten Park gehen und brauchen keine Angst vor Überfällen zu haben. Dass Ihr Riesenhund vielleicht ein zitternder Schisser ist und sich sogar im Angesicht einer großen Spinne fast zu Tode erschreckt, weiß der Gangster ja nicht! Jede Hunderasse hat ein bestimmtes Image, und das überträgt sich auf den Besitzer.

Wer jemals mit einer ausgewachsenen Deutschen Dogge an der kurzen Leine ganz dicht an einer Horde betrunkener Randalierer vorbeigegangen ist, der weiß, wovon ich rede. (Es war übrigens die harmloseste und allerliebste Deutsche Dogge landauf, landab, unerfahren im Streiten, so bissig wie ein Teddy von Steiff und so kampfbereit wie eine alternde Weinbergschnecke. Aber der Auftritt war immer recht imposant, auch noch im hohen Doggen-Alter von acht ohne jede schlimme Beißerei glücklich durchlebten Jahren. Dann allerdings musste das herzensgute Tier eingeschläfert werden.)

## Weil er
### die ganze Straße unterhält

Je weniger passiert, desto aufmerksamer werden Sie beobachtet. Wenn Sie auf dem Land leben und mit Ihrem
Hund Gassi gehen, dann sehen Sie möglicherweise keinen
Menschen auf der Straße, aber zig Augen beobachten jeden Ihrer Schritte. Leise bewegen sich die Gardinen. Und das kommt
nicht vom Wind. Da macht es richtig Spaß, mit dem Hund ein
paar Kunststückchen vorzuführen! Bei Oma B. vorm Wohnzimmer springt er nach dem Stöckchen, und zwar jeden Tag
ein bisschen höher. Bei Rentner A. übt er auf den Hinterbeinen
laufen, jeden Tag einen Schritt weiter. Beim Bauern K. vor der
Tür will er – so scheint es – unbedingt weglaufen, und Sie bringen ihn mit einem einzigen Kommando im letzten Moment
zum »Sitz«. Sie haben natürlich auch einen Tennisball dabei,
und vorm nächsten Haus muss der Hund ihn jeden Tag zur
gleichen Zeit mit dem Maul auffangen. Hund und Mensch
spielen Theater, und die Nachbarn ahnen es nicht!

Nach einigen Wochen können die Leute es kaum erwarten, bis Sie und die Töle wieder vorbeikommen. Sonst gibt
es ja kein Highlight in der Straße. Nach und nach werden sie
zutraulicher. »Na, Sie und Ihr Hund!«, hören Sie beim Kaufmann, »Sie sind ja ein schönes Gespann!« »Habe Sie gestern
*ganz zufällig* beobachtet …« Von wegen zufällig, du lauerst
doch schon seit Wochen hinter der Gardine! Insgeheim lachen
Sie sich kaputt, und Ihr Hund scheint mitzulachen. Es sind

diese kleinen gemeinsamen Geheimnisse, die man mit dem Hund teilt, die ihn so unglaublich liebenswert machen. Obwohl es ihm doch herzlich egal ist, was die Nachbarn so alles denken.

## Weil man Kacki-Beutel wie Friedensfahnen schwenken kann

Jeder Nachbar ist anfangs davon überzeugt, dass die gesamte Hundekacke im Viertel dem Gedärm Ihres Hundes entwichen sein muss. Und zwar ausschließlich. Wenn das stimmen würde, hätte Ihr Hund zwar jeden Tag circa einen Zentner Verdauung zu entsorgen, aber dieses Argument leuchtet dem Nachbarn nicht sofort ein. Und deshalb mustert er Ihren Hund äußerst misstrauisch, wo immer er ihn trifft.

Da Sie mit Ihrem Hund solidarisch sind und Wert auf die Feststellung legen, dass Sie immer und sofort entsorgen, tragen Sie natürlich stets eine kleine Rolle mit Kacki-Beuteln in der Tasche. An Nachbars Rabatten kriegen Sie ihn eben noch vorbei, aber dann muss – und darf er. Sie spüren förmlich, wie Nachbars Blicke Sie verfolgen. Also schon mal vorsorglich die Rolle aus der Tasche holen, ein Beutelchen abreißen und quasi als Friedensfahne schwenken: Seht her, *wir* entsorgen! Und kaum hat sich der Hund entledigt, haben Sie schon weggeräumt, umgestülpt und zugeknotet. Noch mal spaßeshalber hoch in die Luft halten, das Beutelchen! Einmal in alle Richtungen zeigen: Seht her, ihr Nachbarn! *Da* ist es drin!

Schon bald zeigt sich Wirkung. »*Sie* sammeln ja immer sofort auf, das sehen wir genau! Aber wissen Sie«, verschwörerisch senkt sich Nachbars Stimme, »die von gegenüber – also unmöglich ... Die hat ja noch nicht mal diese kleinen Beutelchen dabei …« Gewonnen hat – Ihr Hund, der liebe kleine Kerl. Aber die von gegenüber … Echt unmöglich, oder?

Die Bilanz aus diesem Kapitel ist: Erstens sind Hunde-halter nicht bei allen Nachbarn sofort beliebt. Mit ein paar kleinen Tricks und etwas Gutmütigkeit seitens Mensch *und* Hund kann man aber sehr schnell die Herzen der Nachbarn erweichen. Man kann sogar neue Freundschaften schließen, vor allem mit Kindern. Man wird mit Hund sogar besser und schneller in die Gemeinschaft integriert als ohne Hund. Wenn man aber gar nicht integriert werden möchte, dann hat man mit dem passenden Hund auch schneller und dauerhafter seine Ruhe. Das waren also schon wieder elf schöne Gründe, Hunde zu lieben.

# KAPITEL 6

## Graue Zellen

# Weil er uns ständig Rätsel aufgibt

Zwei Hundehalter am Biertisch: Da müssten Sie mal zuhören! Weder Kleingärtner noch Angler haben sich so viel zu erzählen und reden sich derart heftig in Rage. Hunde sind wirklich rätselhafte Lebewesen. Und das Schöne ist: Jeder hat eine Meinung zu Hunden. Deshalb kann man einfach mit jedem über Hunde reden.

Der eine Hundefreund sagt: »Mein Hund ist wirklich sehr glücklich.« Der andere sagt: »Glück kann ein Hund gar nicht empfinden. Denn zu Glück gehört die Fähigkeit, Glück als solches wahrzunehmen. Und das kann ein Hund nicht. Er ›weiß‹ ja nicht, dass er glücklich ist.«

Wow! Schon ist eine Debatte im Gange, die vermutlich andauert, bis der Wirt die Stühle hochstellt und die Kerzen löscht. Die Hunde liegen derweil friedlich nebeneinander unterm Tisch und sagen sich: »Was die nun wieder zu diskutieren haben. Sollten lieber mit uns rausgehen, oder? Ich muss nämlich mal.« »Ja, ich auch«, sagt der andere. »Aber lass mal. Ist doch spannend!«

Das ist nun zweifelsfrei so: Hunde merken, wenn man über sie diskutiert. Beweisbar ist das nicht, aber man sieht es an ihren hochgestellten Ohren oder an ihrem aufmerksamen Gesicht. (Unser aktueller Hund kann die Ohren allerdings nicht hochstellen, weil er Schlappohren hat.) Aber es gibt noch viele weitere Rätsel, mit denen sich der Hundefreund zu beschäftigen hat und die dazu beitragen, dass er seinen Hund einfach lieben muss.

Wie merkt sich der Hund, wo er seinen Riesenknochen vergraben hat? Irgendwo im Garten ist das Versteck. Manchmal ignoriert er es tagelang. Aber dann: Wenn Frauchen zufällig in die Nähe kommt, wird er nervös. Hier sollst du nicht herumstöbern! Das ist mein Revier! Er versucht, Frauchen wegzulocken. Als wenn Frauchen ihm den Knochen wegnehmen möchte. Ist gar nicht der Fall, aber der Hund befürchtet es. Komm, lass uns hier entlanggehen! Nicht dort. Da ist nichts los. (Da liegt der Knochen.) Warum macht er das? Frauchen hat ihm noch nie etwas weggenommen, was ihm gehört hat. Dann kann der Knochen wieder einige Wochen in seinem Versteck liegen bleiben, aber urplötzlich gräbt er ihn wieder aus. Kein Mensch weiß, wie er sich das gemerkt hat.

Und wie verteilt der Hund seine Sympathie? Wie schafft er das, so treffsicher zu sein? Riechen böse Menschen anders als gute? Warum lässt er den braven Handwerker rein, aber den aufdringlichen Vertreter nicht? Warum spielt er mit der Katze, zeigt dem fremden Kater aber die Zähne? Was, und das ist die Kernfrage, was geht in dem Hund eigentlich vor?

Es ist spät geworden; man sitzt im Wohnzimmer am Kamin und der Hund liegt davor und schaut einen träge an. Er schläft schon fast. Man grübelt: Was bist du nur für ein seltsames Wesen! Auf jeden Fall bist du intelligenter, als wir gedacht hätten. Du bist uns in vielen Bereichen sogar weit überlegen. Aber dann bist du doch wieder »nur« ein Hund. Kapierst nix, lernst nix, bist aufsässig und frech. Kurzum: Man muss dich einfach lieben. So, wie du nun einmal bist.

## Weil er uns so clever austrickst

Die Sachlage richtig einschätzen, die grauen Zellen anstrengen, einen Plan fassen und ihn konsequent durchsetzen: Klingt menschlich. Aber Hunde tun das auch. Vor allem, wenn sie uns Menschen austricksen wollen. Manchmal gelingt ihnen das. Dann freuen sie sich unbändig und würden sich totlachen, wenn sie lachen könnten. (Natürlich können sie lachen! Nur eben anders.) Wir haben kürzlich 4.000 Quadratmeter unseres Grundstückes einzäunen lassen, damit der Hund sich dort frei bewegen kann. Das macht er auch. Aber er findet den Zaun absolut bescheuert und läuft ständig so dicht an ihm entlang wie ein Tiger im Käfig. Man kriegt richtig ein schlechtes Gewissen, so als wenn man einen Zwingerhund hätte! Dabei sind 4.000 Quadratmeter ja keine ganz kleine Hundewiese. Sondern eigentlich eine ziemlich große.

Also, er schubbert immerzu an diesem Zaun entlang und interessiert sich ausschließlich für Mäuse, die auf der anderen Seite wohnen. Ihr blöden Menschen, wieso habt ihr diesen Zaun gezogen? Nun hat dieser Zaun vier verschlossene Tore, die ausschließlich uns Menschen dienen. Der Hund darf nur durch das fünfte und auch nur dann, wenn er an der Leine ist (unmittelbar dahinter grasen nämlich circa sechzig Kälber, denen wir die Bekanntschaft mit unserem »Dicken« gern ersparen möchten – und ihm die Bekanntschaft mit ihren schlagkräftigen Hufen).

Hin und wieder müssen wir nun eines der vier verschlossenen Tore öffnen, um zum Beispiel die Wiese jenseits zu mähen oder sonst irgendetwas zu erledigen. Was macht der kluge Hund? Eben hat er noch im Hausflur geschlafen. Aber er kennt das Geräusch, wenn sich jemand an einem dieser Tore zu schaffen macht. Schwupp, ist er hellwach. Er schleicht sich durchs Dickicht an wie ein Indianer. Lalala, ich mach ja nix, ich schleiche hier nur mal so lang! Aus dem Augenwinkel beobachtet der Gauner aber genau, was mit dem Tor passiert. Ächzend öffnet es sich. Herrchen wird nun gleich die Schubkarre mit der Forke und dem Häcksel drauf hindurchschieben und beide Hände voll zu tun haben. In dem Moment kommt der Hund angeflitzt. Seine 68 Kilo liegen quer in der Luft. Es reicht ihm ein Spalt, durch den er eigentlich gar nicht passen kann. Rufe und Kommandos ignoriert er. Sein Trieb ist stärker als sein Gehorsam. Schwupp, ist er durch – und man hat noch nicht einmal die Schubkarre abgesetzt.

Das setzt ja nun eine äußerst clevere Planung und eine gewisse »kriminelle Energie« voraus. Denn bis zum Durchwitschen muss der Hund einen mehrstufigen Plan entwickeln, der eine gehörige Portion Intelligenz voraussetzt. 1.: Da ist ein Geräusch an dem Tor, wo ich nicht durch darf. 2.: Sie werden es wahrscheinlich demnächst öffnen. 3.: Hinter dem Tor warten die Kälber, auf die ich schon lange scharf bin. 4.: Ich darf jetzt nicht geradeaus darauf zulaufen, sonst bremsen sie mich. 5.: Ich schleiche mich durchs Dickicht und tue so, als wenn ich mich gar nicht für das Tor interessiere. 6.: Wenn sie die Schubkarre schieben, flitze ich durch. 7. (das ist jetzt aber spekulativ): Ob ich Strafe kriege, interessiert mich nicht. Hauptsache, Kälber jagen.

Na ja. Wenn schon Strafe, dann wenigstens Genuss, sagt sich der Hund, jagt die Kälber über die Wiese, kriegt zum Glück

(Glück für ihn! Wir hätten es ihm gegönnt!) keinen Huftritt auf die Schnauze, findet Kälber am Ende doch langweiliger als gedacht, rennt noch sinnloserweise einem aufgescheuchten Hasen hinterher, findet Menschen mit Leckerlis in der Hand doch wieder interessanter, kehrt heim und nimmt ergeben hin, dass er eine Stunde in die Ecke muss und gar nicht angesprochen wird, wegen Frechheit und Abhauen. Kleine Strafe, schöner Tag. Und morgen probieren wir das doch gleich noch einmal. Ach, du lieber Hund: Ganz schön clever bist du!

# Weil er ständig auf neue Ideen kommt

Nun lernt der Mensch natürlich auch mit seinem Hund. Das heißt: Der Hund macht so etwas wie im vorigen Kapitel nur ein einziges Mal, und schon morgen ist man darauf vorbereitet. Daraus ergibt sich eine interessante Entwicklung. Der Hund denkt sich etwas aus, und der Mensch muss ihm stets einen Schritt voraus sein. »Nee nee, mein Lieber: Das habe ich schon erwartet, und hier ist die Grenze!« Der Mensch ist immer gefordert, denn der Hund schläft ja nicht. Er kommt ständig auf neue Ideen.

Dabei ist er durchaus kreativ. Der Mensch versucht, ihm nicht hinterherzudenken – sondern voraus. Es geht ja darum, die »Gedanken« des Hundes (wenn er denn denken sollte) vorauszuahnen. Dazu muss man den Hund ständig beobachten. Man muss tatsächlich lernen, seine Sprache zu verstehen. Der eine Hund macht Sekunden, bevor er einen Schabernack treibt, einen winzigen Sprung im Gehen. Er hüpft ganz kurz. Danach schaut er sich um, hält die Luft für rein und rast los. Glückwunsch, wenn Sie dieses kurze Hüpfen kennen! Gerade noch Zeit, ihn zur Ordnung zu rufen. Der andere Hund bohrt jedes Mal, bevor er eine Maus jagen will, die Schnauze tief in die Erde. Der dritte beginnt jede Kraftprobe so, dass er sich erst einmal auf den Rücken legt, um dann wie von der Tarantel gestochen aufzuspringen und den Chef zu spielen. Schnauze, Schwanzhaltung, Ohren, Tatzen: Jeder Körperteil des Hundes hat uns etwas zu sagen. Und so wie eine Mutter genau weiß, warum ihr Baby schreit (Hunger, Langeweile, Unwohlsein) – so weiß auch der liebende Hundehalter, was sein vierbeiniger Freund gerade plant.

## Weil er uns herausfordert

Der Mensch hat angesichts seines Hundes stets ein schlechtes Gewissen. Der Mensch beschäftigt sich immer wieder mit der Frage, ob er wirklich der richtige Partner für seinen Hund ist. Fördert man ihn denn genug? Langweilt er sich etwa? Ist er unterfordert?

Viele Hundehalter machen sich – und das ist fast schon bedenklich – mehr Gedanken um ihren Hund als um ihre zwischenmenschliche Partnerschaft. Die läuft so irgendwie dahin; sie lässt einen zwar nicht kalt, aber man fragt sich doch nicht täglich, ob man zu wenig mit seiner Frau spricht und ob sie vielleicht mehr gefordert werden möchte.

Beim Hund fragt man sich das schon. Nicht immer ist man gut drauf. Oftmals möchte man seine Ruhe haben, aber der Hund noch lange nicht. Man möchte vielleicht mal was im Fernsehen gucken, und der Hund träumt von einem langen Fahrrad-Spaziergang mit anschließendem Besuch der Hundewiese. Da liegt er auf dem Teppich und schnarcht, im Schlaf bewegen sich alle vier Läufe, und man weiß: Er träumt von einer wunderbaren Hetzjagd. Die hat es heute aber nicht gegeben, weil es regnet. Ist man zu faul für ihn? Muss man einem Pudel, bekanntermaßen eine der intelligentesten Hunderassen überhaupt, nicht ständig das kleine Einmaleins beibringen? Könnte er nicht vielleicht schon Dreisatz, wenn man selbst nur etwas aktiver wäre? In England hat eine Rentnerin ihrem Neufundländer gerade beigebracht, die Waschmaschine ein- und auszuräumen sowie Weichspüler hinzuzugeben. Sie beklagt sich nun, dass er Weiß- nicht von Buntwäsche unterscheiden kann. Und was macht der eigene Neufundländer? Der denkt gar nicht daran, die Waschmaschine einzuräumen. Allenfalls klaut er die Wäsche von der Leine und findet es witzig, wenn man ihm hinterherrennt.

Na ja, in diesem speziellen Fall tröstet man sich dann damit, dass das Ausräumen einer Waschmaschine durch einen Neufundländer eher kontraproduktiv wäre, denn er sabbert und müsste sie dann sofort wieder in die Trommel schmeißen. So ginge das immerfort weiter: Er räumt ein, wäscht, räumt aus, sabbert, stellt fest: Oh, dreckig!, räumt ein, wäscht, räumt aus, sabbert, stellt fest: Oh, dreckig (usw., usf.). Das würde die Energiekosten angesichts der Klimakatastrophe unverantwortlich in die Höhe treiben und der Wäsche auch nicht so guttun. Also könnte er ja etwas anderes lernen … Aber was? Die Geschichte mit der Waschmaschine legt die Messlatte ja ziemlich hoch!

## Weil er so viele geheime Stärken hat

Jede Hunderasse kann ja irgendetwas besonders gut, was anderen Hunderassen eher schwerfällt. Hütehunde zum Beispiel sind stets bestrebt, ein Rudel zur Ordnung zu rufen. Deshalb zwicken sie Jogger und Radfahrer so gern ins Bein. Das liegt ihnen einfach im Blut. Dass Herrchen kein Schäfer ist und die Jogger im Stadtpark lauter Individuen und durchaus kein Rudel sind, ist ihnen egal. Halt, hiergeblieben! Hier darf nicht jeder selbst bestimmen, wo es langgeht! Ich habe hier das Sagen!

Das geht so natürlich nicht lange gut. Also muss man ihren Hütetrieb geschickt in andere Bahnen lenken. Aber wie? Man hat nun mal keine Schafe, die es zu hüten gilt. »Dann sollte man sich auch keinen Hütehund zulegen« ist natürlich ein richtiges Gegenargument. Folgt man ihm aber, dann dürften wahrscheinlich 80 Prozent aller Hundehalter ihren Hund gar nicht haben. Es gäbe dann in Deutschland auch zum Beispiel keine Deutschen Schäferhunde mehr. Und keine Neufundländer. Die wiederum haben es im Blut, Fischernetze schwimmend an Land zu zerren. Welcher deutsche Neufundländer-Halter hat ein Fischernetz, das an Land gezerrt werden müsste? Kein einziger. Trotzdem gibt es in Deutschland Tausende von glücklichen Neufundländern. Nein: Liebevoll herausfinden, wie man den angeborenen Spiel- und Arbeitstrieb des Hundes in Bahnen lenken kann, die den heutigen Gegebenheiten angepasst sind, das macht wirklich viel Freude. Man wird dabei auch täglich neue Erfahrungen mit dem Tier machen und feststellen, dass es unglaublich viele schlummernde Talente hat. Die es aber erst einmal zu entdecken gilt!

Manchmal zeigen uns die Hunde auch selbst, wie sie ihre angeborenen Fähigkeiten zeitgemäß umsetzen möchten. Wir hatten mal einen Neufundländer, der so wie alle anderen auch kein einziges Fischernetz schleppen konnte. Ganz einfach deshalb, weil wir keines hatten. Stattdessen trug er alles durch die Gegend, was ihm beweglich zu sein schien. Er zerrte sogar an einem 20-Kilo-Stein herum, an dem ein Seil befestigt war – und er schleppte den Stein quer durch den Garten. Kaum sah er eine Schubkarre in Bewegung, biss er hinein und half mit, sie voranzubewegen (oftmals allerdings in die Gegenrichtung). Auch bis zu drei Meter lange Äste, frisch vom Baum gesägt und mühsam dahingeschleppt, waren für dieses 70-Kilo-Arbeitstier kein Problem. »Zeig mir was zum Schleppen, und ich befördere es!«

Schließlich fand er seine Erfüllung im Tragen von Einkaufstaschen vom Hoftor zur Küche. Schon bald war er süchtig danach. Mithelfendürfen war für ihn das Größte. Er lauerte am Hoftor, wenn wir ohne ihn einkaufen waren, schnappte sich umgehend die Tasche und schleppte sie zum Esstisch. Die ersten Male verlor er die Hälfte, dann klappte es schon besser und schließlich schaffte er fast jede volle Tasche auf diesem Parcour fehlerfrei. In der Küche setzte er die Tüten brav ab, bekam ein Leckerli, bedankte sich höflich und ging wieder auf seinen Platz. Wenn schon kein Fischernetz, dann wenigstens eine Tragetasche!

Wir haben dann versucht, ihm etwas mehr Sorgfalt beizubringen. »Wenn du was verlierst aus der Einkaufstasche, dann gehst du zurück und holst es!« Das hat allerdings nicht funktioniert. Es war ihm absolut egal, und das ist so geblieben. »Ich soll nur die Tasche tragen. Dass ich auch noch aufräumen soll, davon weiß ich nix …«

## Weil er sich so leicht überlisten lässt

Ich kannte einen Hund, der gehorchte eigentlich ungern. Er neigte dazu, seine eigenen Entscheidungen zu treffen. Wenn man ihn rief, dann ignorierte er das einfach. Stattdessen setzte er sich in einiger Entfernung hin, legte den Kopf schief und dachte nach. Wenn er dann zu dem Ergebnis kam, dass Gehorchen mehr Vor- als Nachteile brächte, schlich er missmutig näher. Sonst nicht. Er konnte sogar ziemlich aufsässig sein, rannte gern weg, knurrte sein Herrchen an wie ein Wilder und benahm sich eigentlich wie Sau.

Bis die Menschen dann auf die Idee kamen, dem Hund für jedes Kommando ein gutes Argument zu liefern. Das Argument bestand in einem circa 1 x 1 Zentimeter großen abgebrochenen Stück von einem Leckerli, wie man sie bei jedem Kaufmann kriegt. In jeder Hose, in jeder Jacke hatten sie so ein Leckerli versteckt. Was für ein Quantensprung! Wenn sie jetzt ihren Hund riefen, steckten sie die Hand in die Tasche mit den Leckerli. Der Hund sah's, stürmte heran und setzte sich brav hin. Wie frisch aus der Hundeschule. Die hatte er aber nie von innen gesehen. Das Leckerli war's. Der Hund verwandelte sich in wenigen Wochen vom jungen Wilden in einen richtig gut erzogenen Zahmen. Glatt manipuliert! Er dachte zwar immer noch nach, bevor er gehorchte. Aber er kam regelmäßig zu dem Ergebnis, dass er dem Ruf besser folgen sollte. Sonst kein Leckerli.

Wenig später musste man ihn gar nicht mehr rufen. Sondern nur noch die Hand in die Tasche stecken. Schon kam er angerannt. Noch etwas später genügte der Ruf »Leckerli« für alles, was man sich von einem Hund erträumt: dass er bei Fuß geht, die unsichtbare Leine akzeptiert, Ratte und Hase sausen lässt und sich voll auf den Menschen konzentriert. Von wegen! Der war nur aufs Leckerli konzentriert. Und das ist er heute noch.

## Weil er uns so leicht überlistet

Andersherum stimmt die These aber auch. Hunde überlisten uns Menschen ebenfalls! Mit ihrer geradezu unendlichen Liebe, mit Anmut und Sympathie kriegen sie uns meistens genau dorthin, wo sie uns haben möchten. Mensch und Hund, das ist wie Opa und Enkel. Natürlich weiß der Opa, dass Kinder eine strenge Hand brauchen. Aber ... Wie süüüüß! Enkel klettert Opa auf den Schoß und flüstert ihm was ins Ohr. Opa kann gar nicht anders. Schon genehmigt. Das Kind, total egoistisch, hat seinen natürlichen Charme eingesetzt und hundertprozentigen Erfolg damit. Auch deswegen lieben Kinder ihre Großeltern so sehr: Weil sie die so herrlich um den kleinen Finger wickeln können.

Ebenso der Hund! Er liebt uns nicht (nur), weil wir so wundervolle Menschen sind. Sondern er liebt uns (auch) deshalb, weil er uns immer wieder rumkriegt. Der Hund setzt seinen Charme genauso ein wie ein kleines Kind, das gerade eben sprechen gelernt hat. Unwiderstehlich. Das klappt nicht immer. Aber immer öfter. Der Hund wacht morgens auf und überlegt, wie er Sie austricksen kann. Da können Sie Gift drauf nehmen! Aber ist es nicht wunderbar? Wir lieben ihn ja dafür. Und erziehen können wir ihn danach immer noch ...

## Weil Hunde schneller als Menschen kapieren

Wenn Sie einen Hund als Partner haben, dann sind Ihre grauen Zellen ständig aktiv. Sie beobachten ihn, Sie reden mit ihm, Sie möchten seine nächste Aktion vorausahnen, Sie erziehen ihn, Sie bringen ihm was bei, Sie denken schon mal an die nächste Aufgabe, Sie fordern ihn, und er fordert Sie. Viele Menschen stellen plötzlich fest, dass sie außer Nachrichten überhaupt nicht mehr fernsehen: Der Hund ist auf jeden Fall das bessere Programm. Weil er ja ständig eigene Ideen entwickelt und versucht, sie Ihnen mitzuteilen!

Nun ist es so, dass der Hund seinen Menschen zwar sehr schnell und sehr gut versteht – der Mensch hingegen braucht eine ganze Weile, bis er den Hund versteht. Daraus entsteht ein spannendes Ungleichgewicht, und der Hund hält uns wahrscheinlich für ziemlich unterentwickelt. Weil er doch so schnell kapiert, was wir von ihm wollen: Warum sind Menschen bloß so schwerfällig im Kopf? Was ist so kompliziert daran, einen Hund zu begreifen? Aber wir geben uns ja Mühe, weil wir ihn so lieben. Also strengen wir unsere grauen Zellen reichlich an. Und das ist besser als Gehirnjogging, vor allem: Es ist nicht so langweilig wie Zahlenkolonnen auswendig lernen …

# Weil man mit Hund nicht so schnell verkalkt

Man muss selbst erlebt haben, mit welch ausdrucksvollem Interesse sich ein Hund auf neue Aufgaben konzentriert. Etwas Neues zu lernen ist für ihn nicht nur Abwechslung, sondern auch Arbeit, Sport, Spaß und Spiel in einem. Man kann gar nicht anders, als diesem Lerntrieb nachzugeben. Als Folge davon denkt man sich immer neue Spielchen und Aufgaben für ihn aus. Was nun wieder zur Folge hat, dass man selbst auch ständig geistig aktiv ist. Rentner mit Hund bleiben garantiert länger fit im Kopf als Rentner ohne Hund! Und wo wir gerade vom Älterwerden reden: Viele Menschen verkalken und sterben früher, weil sie keine Aufgabe mehr haben und vereinsamt den Lebensmut verlieren. Mit Hund passiert das nicht so schnell. Weil es aber schwierig ist, sich am Lebensabend noch einmal ganz neu zu orientieren und ungewohnte Aufgaben zu übernehmen, gibt es nur eins: Den ersten Hund holt man sich auf keinen Fall erst im Rentenalter. Sondern wenn es irgendwie geht, schon früher. Dann aber nie mehr ohne sein!

# Weil er die reinste Psycho-Medizin ist

Vor dem tiefen schwarzen Loch sind wir Menschen nicht gefeit. Jeder von uns kann hineinfallen; bedingt durch Schicksalsschläge oder aufgrund einer Krankheit. Depressionen können viele Ursachen haben. Ich glaube, dass ein Hund auf jeden Fall eine der besten Therapien ist – wenn nicht sogar die beste. Wenn zum Beispiel jemand stirbt, den man sehr geliebt hat, dann fühlt man sich plötzlich nutzlos, ausgebrannt, leer und fast schon selbst wie tot. Wie gut ist es dann, wenn wenigstens der Hund einen noch braucht! Er gibt dem Tag ein festes Korsett. Ganz gehen lassen kann und darf man sich nicht. Vielleicht schleppt man sich nur so kraftlos dahin, aber man schleppt sich wenigstens. Der Hund wird spüren, dass es einem schlecht geht. Er scheint es nur zu ignorieren. Er springt, er bellt, er wedelt mit dem Schwanz und treibt einen hinaus. Wer weiß, ob das nicht »seine« Therapie, ja vielleicht sogar beste Absicht ist vom Hund? Er tut so, als wäre nichts geschehen. Aber genau das kann für Menschen in schwierigen psychischen Situationen das Allerbeste sein.

### Weil er uns so herrlich ablenkt

Es ist doch manchmal ganz schön schwierig, sich nicht als Zentrum des Universums zu betrachten. Wenn wir Menschen leiden, zum Beispiel aus Liebeskummer, dann scheint sich alles nur um dieses Leid zu drehen. Das Schöne im Leben sehen wir gar nicht mehr. Wir versinken im elenden Sumpf unseres traurigen Schicksals und sind nicht in der Lage, uns selbst an den Haaren herauszuziehen. Kein Mensch wird in derart schwierigen Zeiten so viel Geduld mit uns haben wie ein Hund. Egal wie unser Tag beginnt: Er wird uns jeden Morgen freudig begrüßen, keine Frage stellen, sich nicht mit herunterziehen lassen und das kleinste Lächeln als fröhlichen Neubeginn akzeptieren. Er lenkt so wunderbar ab! Und schon bald merkt der Mensch, dass er sein eigenes Leid überbewertet hat. Eine Erkenntnis, die meistens schon das Ende dieses Leides einläutet: Danke, Hund.

# KAPITEL 7

## Flirts und mehr

## Weil der Hund Sozialkontakte anschleppt

So hässlich oder schüchtern oder gehemmt oder bar jeder Ausstrahlung kann kein Mensch sein, dass er mit Hund kontaktfrei bleibt. Einen Hund zu haben bedeutet automatisch, täglich neue Leute kennenzulernen. Das liegt nicht unwesentlich daran, dass der Hund ständig stehen bleibt; demzufolge bleibt der Mensch nämlich auch stehen.

Man hastet nicht mehr aneinander vorbei und denkt: Ach, mit dem oder der hättest du doch gern mal ein paar Blicke oder Worte gewechselt! Wer den Hund an der Leine hat, der steht schon mal ganz automatisch alle zehn Meter für einige Sekunden still und wartet, bis sich der Hund ausgeschnüffelt oder ausgepinkelt hat. Da hat es jeder leicht. Schließlich muss man ja nur ebenfalls stehen bleiben und sagen: Ach, was für ein niedlicher Hund!, oder irgendetwas anderes ähnlich Belangloses.

Schon ist man im Gespräch, wenn man das möchte. Es gibt Hundehalter, die pro Gassigehen circa zehn neue Kontakte knüpfen, und zwar bevor sie auf der Hundewiese angekommen sind. Dort geht es dann ja erst richtig los mit den Kontakten.

Jeder von uns kennt das: Wir gehen so ganz gedankenverloren spazieren, und da kommt jemand mit einem Hund auf uns zu. Erst schauen wir uns den Hund an, dann den dazugehörigen Menschen. Ganz automatisch zieht man vom Hund Rückschlüsse auf den Halter. Man beschäftigt sich schon mal mit ihm oder ihr. Ohne Hund würde das wahrscheinlich gar nicht passieren. Lustig wird es, wenn Hund und Halter scheinbar gar nicht zusammenpassen. Zum Beispiel wenn ein finsterer Typ mit tätowierten Armen liebevoll auf seinen Dackel einredet. Oder wenn die grundgute Omi mit dem gütigsten Gesicht der Welt auf ihren Pitbull wartet, der an einem Baum herumschnüffelt. Da geraten unsere fest eingeprägten Vorurteile manchmal ganz schön ins Wanken! Ein Anflug von schlechtem Gewissen schießt uns durch den Kopf. Haben wir nicht erst neulich in der Zeitung gelesen, dass es auch ganz harmlose Pitbulls gibt? Und wieso erwarten wir an der Leine eines tätowierten Mannes mindestens einen Rottweiler, aber keinesfalls einen Dackel?

Ein freundlicher Blick, ein Lächeln für den Hund, und schon ist eine Brücke da. Schnell kommt man ins Gespräch. Und wenn man sich morgen wieder trifft, dann kennt man sich ja schon ...

# Weil Hunde uns einfach einwickeln

Hundefreunde sind ja nicht die schlechtesten Menschen. Und sie haben etwas gemeinsam. Nämlich die Liebe zum Hund. Deshalb liegt es nahe, dass sie sich auch untereinander ganz gut verstehen.

Zum Glück haben Hunde keinerlei Kontaktscheu. Da unterscheiden sie sich von den meisten Menschen ganz wesentlich. Menschen sind – Verzeihung – oftmals zu blöd, um auf jemanden zuzugehen und zu sagen: Hey, ich mag dich! Hunde haben da kein Problem. Sie zeigen nicht nur Sympathie, sondern sie fördern Kontakte sogar aktiv, und auf diese Weise bringen sie auch ihre Menschen in Kontakt – mal zu deren Freud, mal zu deren Leid.

Wenn zum Beispiel beide Hunde an der Leine sind und der eine dem anderen immer im Kreis hinterherläuft, winden sich sekundenschnell die Hundeleinen um zwei wildfremde Menschen, die dadurch – sollte es sich um etwas lebhaftere Hunde handeln – enger aneinandergefesselt werden, als es ihnen im Moment vielleicht ziemlich zu sein scheint. Andererseits würden viele Single-Hundehalter sagen: Na und? Lieber früh zu eng als niemals gefesselt!

Aber auch leinenlose Hunde schleppen lauter Gleichgesinnte an.

Wenn die Hunde miteinander toben oder sich anzicken, dann kann man als Mensch gar nicht anders: Man muss miteinander sprechen. Und wenn es nur darum geht, wer seinen Hund als Erstes aus dem Getümmel zieht.

Wenn sich zwei Hundehalter begegnen, checken sie sofort ab: Ist der andere frei? Oder ist er an der Leine? (Das ist durchaus doppeldeutig gemeint.) Man zeigt mit weit ausladender Geste: »Meiner ist an der Leine, und Ihrer?«, um Stress möglichst frühzeitig zu vermeiden. Dann »kommt man sich näher«, und das heißt in diesem Fall: Man geht aufeinander zu. Inzwischen ist klar, ob Leine oder nicht. »Rüde oder Weibchen?«, heißt die nächste Standardfrage, und sie bedeutet: Zwei Rüden, das könnte eher Stress geben als Rüde / Weibchen. Sind es also zwei Rüden, wird man vorsichtiger sein oder die beiden sich erst einmal an der Leine beschnuppern lassen.

»Meiner will nur spielen, aber er ist ein bisschen großkotzig«, sagt der eine Hundehalter. »Meiner kommt eigentlich mit den meisten zurecht«, sagt der andere. Nun gibt es zwei Möglichkeiten. Entweder hat man das Gefühl: Diese Hunde verstehen sich nicht. Dann nimmt ein jeder seinen Hund kurz, spricht beruhigend auf ihn ein und geht seines Weges. Oder es könnte klappen mit den beiden. Dann kann man sie jetzt von der Leine lassen, und das tut man auch. Und zwar gleichzeitig. Einen Moment stehen die beiden noch still da und checken die Lage. Dann rasen sie aufeinander los.

Nun entscheidet sich, ob das Lösen der Leine eine gute Idee war. Denn vielleicht spielen die beiden ja nicht miteinander, sondern verbeißen sich ineinander. Am besten hält man sich als Mensch so weit heraus, wie es vertretbar ist. Oftmals gibt es nämlich erst eine Rauferei, und dann herrscht Friede. Weil Hunde sehr schnell begreifen, ob sie sich unterwerfen sollten – oder ob sich ein Kampf lohnt. Aber wie auch immer die Sache ausgeht: Die beiden Menschen stehen zusammen, frieren und

gucken ihren Hunden zu. Dabei reden sie. Sie *reden*! Ist das
nicht schön? Menschen, die sich vor fünf Minuten noch niemals gesehen hatten, *reden* plötzlich miteinander! Das schaffen
nur Hunde.

## *Weil sie uns einander näherbringen*

Wie viele Beziehungen fangen niemals an, weil im falschen Moment das richtige Wort fehlt! Man sieht sich, man mag sich, und man verliert sich aus den Augen. Wieder eine Chance verpasst. Wieder allein nach Haus gegangen. Hundehalter untereinander haben dieses Problem nicht. Ganz schnell erfährt man ganz viel über den oder die mit dem anderen Hund. Zum Beispiel, wann jemand wo Gassi geht, was ja schon mal ein Anfang ist. Denn jeder Hundehalter hat seine festen Wege und seine festen Zeiten.

Wenn ein Mann mit seinem Hund zum Beispiel jeden Tag um 18 Uhr vor seiner Stammkneipe im Biergarten sitzt, und es kommt diese Süße mit der frechen Töle vorbei, und man hat sich auch schon mal angelächelt, dann kann der Mann ganz sicher sein: Am nächsten Tag wieder um 18 Uhr kommt dieselbe Süße mit derselben frechen Töle schon wieder vorbei.

Außerdem spricht man ja miteinander, während sich die Hunde vergnügen. Da erfährt man so viel, ganz nebenbei und natürlich vollkommen zufällig erwähnt. Daraus kann man eine Menge schlussfolgern. Sehr häufig ist es so, dass man ganz einfach auch einmal zu zweit Gassi gehen möchte (wenn man sich ohnehin schon jeden Tag im Stadtpark trifft!). Es gibt tatsächlich keinen unkomplizierteren Weg, andere Menschen kennenzulernen, als einen Hund dabeizuhaben.

Ich kenne sogar total schüchterne Zwangs-Singles, die

sich regelmäßig Hunde ausleihen und mit leuchtenden Augen stundenlang davon erzählen, was sie mit Hund für nette Leute (ebenfalls mit Hund) kennengelernt haben. In mindestens zwei Fällen ist daraus sogar eine dauerhafte Partnerschaft geworden, und besonders lustig ist die Geschichte meines Kumpels Martin E.: Der Studienrat hatte sich eine Pudeldame ausgeliehen, um endlich einmal Frauen kennenzulernen – und seine heutige Verlobte Katja S. war mit einem ebenfalls ausgeliehenen Zwergschnauzer unterwegs, um endlich einmal Männer kennenzulernen. Geht doch!

# *Weil sie Flirten so einfach machen*

Es gibt viel mehr kontaktscheue Menschen, als man glauben sollte. Sie wissen einfach nicht, wie man flirtet, und trauen sich auch gar nicht. Da kann man nur ganz dringend zum Hund raten. Der Autor dieses Buches weiß, wovon er spricht: Viele Recherchen zum Thema Partnerschaft (zwischen Menschen) lagen hinter ihm, bevor er auf den Hund (in Buchform) kam.[*]

Mit einem Hund ist Flirten ganz einfach. Man muss nämlich gar nicht die Initiative ergreifen (genau daran scheitert es bekanntlich zwischen den meisten Menschen!). Erstens: Man braucht kein unverfängliches Gesprächsthema, weil man gleich eins hat (die Hunde nämlich). Zweitens: Man kann den richtigen Moment für die erste vertrauliche Berührung gar nicht verpassen, weil er sich von selbst ergibt (wenn man sich zum Hund hinabbückt und ihn streichelt, was der andere im selben Moment ebenfalls tut, woraufhin sich die Hände im weichen Fell treffen). Drittens: Man kann gar nichts Falsches sagen, weil man automatisch das Richtige sagt, nämlich »Ihrer ist aber ein ganz Süßer« oder etwas ähnlich Belangloses, was aber immer gut ankommt und mit einem schönen Lächeln belohnt wird. Viertens: Nie wieder Probleme, sich für ein weiteres

---

[*] »Wie Männer ticken« (2005), »Wie Frauen ticken« (2006), »Wie Teenies ticken« (2007), »Wie die lieben Kollegen ticken« (2008) und auch »Wie Familien ticken« (2009).

Treffen zu verabreden! Auch das ergibt sich ganz von selbst, denn die Hunde spielen ja sooo schön miteinander, und es wäre doch toll, wenn sie morgen vielleicht …

Stellen Sie sich einmal vor, einem schüchternen Single erscheint im Traum eine gute Fee. »Okay«, sagt die Fee, »du darfst dir was wünschen.« »Gute Fee«, stammelt der Single, »wenn ich doch nur eine schöne Frau kennenlernen könnte und dabei bitte keine Fehler mache!« »Wird gern erledigt«, sagt die Fee, »aber was für Fehler machst du denn so?« Der Single sagt: »Erstens kann ich nicht die Initiative ergreifen. Zweitens fasse ich die Frauen immer im falschen Moment an. Drittens sage ich immer was Falsches. Und viertens traue ich mich nie, mich für ein Wiedersehen zu verabreden.« »Dein Wunsch ist hiermit erfüllt«, sagt die Fee. Der Single wacht auf und da liegt ein Hund vor seinem Bett.

## Weil mit Hunden plötzlich alles so easy ist

Die Partnersuche bei uns Menschen ist oftmals gar nicht easy. Viele empfinden den Weg zum großen Glück als anstrengend, zeitraubend und sogar als peinlich. Wenn ein Mann in einer Bar von einer schönen Frau angesprochen wird, zieht er sich ängstlich zurück. Wenn eine Frau von einem interessanten Mann angesprochen wird, reagiert sie zickig. Die meisten Singles sind so verbissen auf Partnersuche, dass sie überhaupt nicht mehr natürlich reagieren, sondern verkrampft. Im Kreis der Freundinnen gibt es für eine Single-Frau bald kein anderes Thema mehr. Stress und Erwartungsdruck, wohin man schaut. Hat man dann eine Beziehung, so will man sie unbedingt behalten. Das Ergebnis ist klar: Man klammert. Und schon ist es wieder aus. Es ist wirklich ein Drama, wie schwer wir Menschen uns mit der schönsten Sache der Welt tun!

Wie viel einfacher läuft die Partnersuche hingegen unter Hundefreunden ab. Es liegt ganz einfach daran, dass es den beiden Menschen, die sich da begegnen, natürlich nur um ihre Hunde und deren Wohlbefinden geht. Ihr eigenes Wohlbefinden sowie ihre privaten Sehnsüchte und Träume spielen dabei überhaupt keine Rolle. Man verabredet sich ja »nur ganz harmlos, damit die Hunde was zum Spielen haben«! Außerdem muss sich der Single nicht gleich outen, sondern er kann ein Geheimnis draus machen. Oder er kann lästige Hunde-Bekannte gleich in die Schranken weisen, indem er von der eigenen glücklichen

Partnerschaft erzählt. Wie auch immer man es anfangen will: Man lässt den Vierbeiner die Kontaktpflege betreiben und hält sich klug zurück. Das funktioniert wunderbar. Für Singles ist ein Hund also nicht nur ein guter Freund, der die Einsamkeit erträglich macht – sondern er kann auch ganz schnell zum Götterboten werden, dem man eines gar nicht fernen Tages das Ende des Single-Lebens verdanken wird.

# Weil er so herrlich direkt ist (sexuell betrachtet)

So ein Hund ist anders als der Mensch. Wenn er jemanden sexuell interessant findet, geht er gleich direkt drauflos. Da wird geschnuppert und geleckt, immer an der interessantesten Stelle, zielgerichtet und kompromisslos. Hm, lecker riechst du! Darf ich noch mal etwas näher ran? Der Mensch und die Menschin, zufällig sind sie sich im Stadtpark begegnet und finden sich eigentlich auch sexuell interessant, brauchen noch mindestens drei Monate bis zum ersten Kuss. Weil sie ihre Bedürfnisse überhaupt nicht artikulieren können (und dürfen). Wenn Sie als Frau einen Mann kennenlernen und der sagt gleich beim ersten Treffen: »Entschuldigen Sie, dürfte ich mal an Ihren Geschlechtsteilen schnuppern?«, dann würden Sie diesen Herrn garantiert niemals wiedertreffen wollen. Sondern Sie würden die Polizei rufen. Ist ja auch okay; so will es unser Brauch. Aber die beiden Hunde kennen derlei sozial motivierte Beschränkungen nicht. Sie sind anders gestrickt. Sie fangen beim Wesentlichen an und schnuppern gleich. Das ist für Hunde natürlich. Also können Sie Ihrem Hund das auch nicht verbieten. Und da stehen Sie nun, Ihr Hund ist am Schlecken und Sabbern und macht keinen Hehl daraus, was er eigentlich möchte. Seien Sie ganz sicher: Das beschleunigt auch die Kontaktaufnahme zwischen den Hundehaltern, wenn die sich »riechen« können. Denn das ist natürlich die wesentliche Voraussetzung: beim Menschen – aber auch beim Hund. Man muss sich »riechen« können.

## *Weil man mit ihm fast jede/jeden rumkriegt*

Man muss sich dazu erst einmal klarmachen, wie die Kontaktaufnahme zwischen Mann und Frau eigentlich funktioniert. Nehmen wir einmal an, der Mann möchte gern, und die Frau hat eine Mauer um sich herum hochgezogen. Da Männer etwas blöd sind, rennen sie gegen diese Mauer an, stoßen sich die Nase und ziehen sich zurück. Mann sauer, Frau sauer: Sooo hatte sie das ja nun auch wieder nicht gemeint.

Oder andersherum: Sie möchte gern, und er ist zu schüchtern und zu blöd (auch eine Art Mauer, oder?). Da die Frau in diesem Fall zu sehr in die Offensive gegangen ist und ihn verschreckt hat, rennt sie gegen seine Mauer an, stößt sich die Nase und zieht sich zurück. Mann sauer, Frau sauer. Also dasselbe missliche Ergebnis.

Aus diesen Gründen scheitern circa 80 Prozent aller Kontaktaufnahmeversuche zwischen Mann und Frau. Ohne Hund, wohlgemerkt. Jetzt kommt »er« ins Spiel, und das Verhältnis dreht sich um: Plötzlich scheitern nur noch 20 Prozent aller Kontaktaufnahmeversuche, und die restlichen 80 Prozent sind von Erfolg gekrönt. Aber warum ist das so? Warum ist der Hund so ein verdammt guter »Herum-Krieger«?

Weil er genau das macht, was uns Menschen fehlt: Er erleichtert die Kommunikation. Zwar weiß Mann, was er eigentlich will (mit der Frau was anfangen). Und natürlich weiß frau, was sie eigentlich will (mit dem Kerl was anfangen). Aber es ist so unglaublich schwierig, darüber zu kommunizieren! Nun ist da dieser kleine Hund. Beide mögen ihn (eigentlich mögen sie sich, aber das wird noch nicht thematisiert). Beide streicheln ihn (eigentlich möchten sie sich gegenseitig streicheln, aber das ... Siehe oben). Schon kümmern sich beide um ihn (eigentlich möchten sie sich um sich selbst ...). Merken Sie was? Der Hund bringt die beiden zusammen! Er ist der genialste »Herum-Krieger«, den es gibt. Weil er allein durch seine Existenz diese entsetzliche Sprachlosigkeit zwischen Mann und Frau überbrückt.

## *Weil er die Generationen verbindet*

Die soziale Funktion von Hunden kann man gar nicht hoch genug einschätzen. Wie viele ältere Menschen gibt es, die keinerlei Kontakte zu anderen mehr haben und eigentlich auch gar nicht mehr möchten! Durch den Hund kommen sie täglich mit anderen Menschen, und vor allem mit anderen Generationen, ins Gespräch. Da ist der kleine Junge, der nach der Schule seinen Hund Gassi führt: Schon ist der einsame Rentner mit ihm in eine Diskussion über Hunde vertieft, die ihn noch abends glücklich lächeln lässt. Man verabredet sich, man sieht sich wieder, man grüßt sich freundlich und ist plötzlich nicht mehr allein. Oder jemand braucht einen Hundesitter: Da gibt es bestimmt eine ältere Dame in der Nachbarschaft, die auch einen Hund hat und die man einfach mal fragen könnte! Ich kenne viele ältere Menschen, die nur eines bereuen: dass sie sich nicht schon früher für einen Hund entschieden haben. »Dann hätte ich den Tod meines Mannes viel besser verkraftet«, sagt eine 77-jährige Rentnerin. »Aber zum Glück habe ich dieses wunderbare Experiment dann doch noch begonnen. Bereut habe ich es nie. Wie viele Menschen habe ich schon kennengelernt durch meinen Hund! Seitdem bin ich nicht mehr allein.«

## Weil er uns so viele herrlich Verrückte vorstellt

Als Beziehungs- und Kontaktstifter ist der Hund also wunderbar und nahezu perfekt. Aber natürlich lernen wir mit Hund auch viel mehr herrlich Verrückte kennen, um die wir sonst einen Riesenbogen machen würden. Wir bewegen uns ansonsten doch eigentlich nur in unserer eigenen Welt. Treffen uns mit Menschen, die uns einigermaßen ähnlich sind. Menschen, mit denen wir eben auch privat gern verkehren möchten.

Aber dabei entgeht uns natürlich der Rest der Welt. Und den – treffen wir automatisch auf der Hundewiese. Da zählen keine sozialen Unterschiede. Da tobt der Golden Retriever von der Manager-Gattin mit dem Schäferhund von Hartz IV, da freundet sich der Mischling vom Punk mit der Dackeldame der ehrbaren Kaufmannstochter an. Soziale Unterschiede sind auf der Hundewiese total unwichtig. Hier zählt nur der Hund. Und manch einer, der sich »was Besseres« dünkt, hat auf dieser Wiese schon seine Arroganz verloren und gelernt, die Welt auch einmal mit den Augen der anderen (Hunde) zu sehen!

In Hamburg gibt es einen jungen Bettler, der stets zwei wunderschöne, sehr gepflegt wirkende Schäferhund-Mischlinge mit sich führt. Der eine ist schwarz, der andere ist blond. Nun kann man natürlich sehr viel dagegen einwenden, dass ein junger Bettler seine Hunde mit sich führt, und man kann auch generell die Frage stellen, warum dieser junge Mensch, der übrigens einen sehr fröhlichen Eindruck macht, überhaupt betteln geht. Das ist hier aber nicht das Thema. Auffallend ist, wie viele Leute das Gespräch mit ihm suchen. Kürzlich sah ich sogar einen Herrn mit Krawatte, der sich erst vor die Hunde hinkauerte und der dann eine Weile in der Sonne neben dem Bettler saß und sich mit ihm unterhielt. Man plauderte so über das Leben. Klar, dass am Ende ein Fünf-Euro-Schein im Hut landete und der junge Bettler noch fröhlicher wirkte als sonst. Aber was wollte ich Ihnen erzählen? Ach so: dass uns ein Hund so viele herrlich Verrückte vorstellt, mit denen wir uns ohne Hund niemals unterhalten würden.

# Weil er auf Höflichkeiten sch...

Hunde sind wirklich seltsame Wesen. Irgendwie sagt ihnen der Instinkt, ob ein Mensch einen guten Charakter hat. Den einen mögen sie, dann springen sie an ihm hoch und wedeln wie verrückt mit dem Schwanz. Den anderen können sie nicht leiden. Sie lassen sich nicht anfassen, weichen zurück, zeigen vielleicht sogar die Zähne oder drehen demjenigen einfach demonstrativ den Rücken zu.

Wir Menschen haben natürlich auch so einen Instinkt. Ursprünglich. Aber er ist überdeckt. Wir fallen auf eine hübsche Figur herein, auf lange blonde Haare, auf einen knackigen Hintern oder auf strahlende blaue Augen. Außerdem sind wir zur Höflichkeit erzogen. Da hat uns der Hund etwas voraus: Er sch… auf Höflichkeit und zeigt gleich seine Antipathie!

Allerdings gilt es, eine wichtige Einschränkung zu machen. Hat ein Mensch etwas aus Hundesicht Leckeres in der Tasche oder riecht er zum Beispiel nach einer läufigen Hündin, so versagt der Instinkt des Hundes total. Dann ist er auch zu einem schlechten Menschen äußerst nett. Denn Hunde sind total egoistisch, wie bereits an anderer Stelle in diesem Buch zu lesen war. Für Hunde kommt erst das Fressen, und dann – kommt noch lange keine Moral.

*Weil ein Schwanzwedeln
viel mehr bewirkt
als ein Strauß roter Rosen*

Nur wenige Männer wissen, was Frauen wirklich wollen. Die meisten Männer machen keine Komplimente. Und wenn, dann machen sie die falschen. Sie kaufen zum Beispiel einen fetten Strauß roter Rosen und glauben, dass die Frau ihnen dann einfach nicht mehr widerstehen kann. So als wäre die Frau ein Automat: Oben wirfst du was ein, und unten kommt das Gewünschte raus. Oder andersrum: Oben tust du was raus, und unten kommt das Gewünschte rein.

Aber so einfach sind Frauen nicht! Sie reagieren nicht auf Knopfdruck. Sie wollen umworben sein und letztlich selbst entscheiden, wann sie schwach werden. Genau aus diesem Grund können Männer dem Hund gar nicht dankbar genug sein. Der nimmt ihnen nämlich das ganze unmännliche Getue ab. Schwanzwedelnd läuft er aufs künftige Frauchen zu, lässt sich fröhlich kraulen, schleckt ihr die Hand ab und freut sich einfach unbändig, dass sie da ist. Die Frau verliebt sich erst in den Hund und dann in den Mann. Der muss nur die ganze Zeit über die Leine festhalten, und sonst muss er gar nichts machen. Das Schönste daran ist: Wer gar nichts macht, der macht auch nichts verkehrt.

# KAPITEL 8

## Berufliches

# Weil er ideal für Workaholics ist

Wir sind alle so busy und zielgerichtet, dass man sich schon Sorgen um uns machen muss. Der Job ist hart, und niemand holt uns raus aus dem Karussell. Der Hund tut es. Und das ist schön.

Es ist auch wirklich ein Grund, ihn zu lieben. Wer einen Hund hat, nimmt sich zum Beispiel viel häufiger etwas zu arbeiten mit nach Hause – anstatt bis Mitternacht in der Firma zu sitzen. Der Hund will ja gar nicht ständig raus. Er ist hochzufrieden, wenn Herrchen oder Frauchen da ist und er ihm oder ihr beim Arbeiten zuschauen kann. Heutzutage gibt es sehr viele Branchen, in denen man zu Hause am Computer genauso weiterarbeiten kann, als wenn man in der Firma säße. Nur kommt einem da oft die Bequemlichkeit dazwischen: Ach, das mache ich noch schnell fertig!

Es ist der Hund, der einen den Computer herunterfahren lässt. Das schafft vielleicht noch nicht einmal der eigene Ehepartner, der ja auch stören kann, wenn man in Gedanken noch im Job ist und zu Hause unbedingt reden, zuhören, diskutieren soll. Der Hund als Partner ist da viel besser, weil er nämlich weitgehend die Klappe hält. Er ist außerdem ideal für Menschen, die ganz in ihrem Beruf aufgehen und sich bewusst fürs Single-Leben entschieden haben. Vorausgesetzt natürlich, es kümmert sich jemand tagsüber um das liebe Tier, auf dass es auch mal rauskommt und Ansprache hat. Aber da findet sich bestimmt ein netter Nachbar oder eine Omi, die sonst nichts Vernünftiges zu tun haben.

Der Hund ist für beruflich stark gestresste Menschen besser als Baldrian. Der morgendliche Spaziergang bläst den Kopf frei für neue Ideen und mutige Konzepte. Die Mittagsstunde im Stadtpark ist wie Golfen: Danach geht die Arbeit viel schneller von der Hand, und man hat die Freizeit schnell wieder hereingearbeitet. Abends bekommt man am anderen Ende der Leine Abstand vom Job. Und kurz vorm Schlafengehen noch einmal ums Viereck gehen mit dem guten Freund, das ist ein wunderbarer Abschluss eines erfolgreichen Tages. Ein Lob auf den Hund! Ohne ihn würden wir außer der Arbeit gar nichts mehr kennen.

## Weil der Hund
## Managerseminare ersetzt

Ich glaube, dass Hundehalter in beruflichen Krisensituationen gelassener reagieren als Menschen ohne Hund. Weil nicht nur der Mensch den Hund erzieht. Der Hund erzieht auch den Menschen. Ich erinnere mich gut an einen meiner großen, schwarzen, klugen Begleiter, der sich in jeder Gefahrensituation erst einmal auf die Hinterbeine setzte und ganz geruhsam die Lage analysierte. Er hätte das auch im Stehen machen können. Aber nein, er setzte sich einfach hin. Deutlicher kann man nicht signalisieren: Mooooment! Wir haben alle Zeit der Welt. Bevor wir einen Fehler machen, werden wir erst einmal alle möglichen Aspekte betrachten, bedenken und auswerten. Dann werden wir zu einer klugen Entscheidung kommen. Und die werden wir dann umgehend in die Tat umsetzen. Dabei sparen wir viel mehr Energie, als wenn wir überstürzt agieren. Außerdem verringern wir die Fehlerquote.

Der Hund hatte damit viel Erfolg. Zunächst einmal wirkte sein bedachtsames Verhalten auf andere Hunde recht beruhigend: Waren sie eben noch auf Krawall gebürstet, weil sie ein derart großes schwarzes Ungeheuer einfach aggressiv machte, verloren sie angesichts der sitzenden Töle ihre Furcht und wagten einen Annäherungsversuch oder schlichen sich vorbei (meiner würdigte sie dabei keines Blickes; er drehte sich nicht einmal nach ihnen um. Er saß nur so da).

Man sah dem Hund auch an, dass er tatsächlich mehrere

Aspekte in Betracht zog! Zum Beispiel, wenn er einen Hasen laufen sah. Normalerweise wäre er spontan hinterhergerannt, aber jetzt – im Sitzen – hörte er auch meine Stimme, die da sagte: Nein, mein Lieber, das ist nicht dein Hase, du wirst ihm nicht hinterherrennen, sondern schön brav bei mir bleiben. Er wog Für und Wider gegeneinander ab – man merkt das ja, wenn er zwischen Hase und Mensch hin- und herschaut und so kleine Gesten macht, als wenn er bereits im Sprung befindlich wäre, dann aber doch den Kopf einzieht und es eben nicht tut. So ersparte diese Gelassenheit vor der Entscheidung dem Hund auch ziemlich viel Ärger und Stress.

Letztendlich war er durch diese Angewohnheit, stets erst einmal Platz zu nehmen, auch auf der sicheren Seite. Wenn uns zum Beispiel auf einem engen Feldweg ein Dogsitter entgegenkam, dessen gefühlte 37 Hunde natürlich keine Leinen trugen, hätte meiner ja spontan sehr schnell den Falschen beschnuppern und die Rudelhierarchie empfindlich stören können. So aber, im Sitzen, konnte er erst einmal abklären: Wer ist wer, wer hat was zu sagen, von wem lässt man die Finger, und an wen darf man ran? Kluger Hund. Ganz schlaue Strategie. Und genauso, wie ich es hier erzählt habe, ist sie in jede Menschenfirma eins zu eins zu übertragen. Ja, sie wird sogar auf teuren Managerseminaren antrainiert. Ich sage immer: Holt euch einen Hund, und ihr braucht solche Seminare gar nicht mehr.

# Weil Hunde
## wie unsere Kollegen sind

Auf der Hundewiese kristallisiert sich schnell heraus, wer ein Alphatierchen und wer der Unterlegene ist. Spätestens bei der ersten Auseinandersetzung, also nach circa zwei Minuten, ist das geklärt. Der eine legt sich auf den Rücken, und der andere stolziert siegesgewiss zur nächsten Herausforderung. In der Firma läuft es ebenso ab. Nur brauchen wir Menschen etwas länger als zwei Minuten, um die wirklichen Machtstrukturen abzuklären, und auf dem Weg zu dieser Erkenntnis stoßen wir uns so manches Mal die Nase blutig. Dank sei dem Hund! Wir müssen nur das Rudel auf der Wiese beobachten, und schon fallen uns geeignete Strategien für die Firma ein. Wer sind wir? Führernatur oder Mitläufer? Überlegen oder unterlegen? Schleimen wir uns ein, so wie der Cocker dahinten – oder legen wir uns an, so wie der tapfere Dackel am Schenkel der Dogge? Haben wir überhaupt schon eine Strategie? Setzen wir Zeichen, oder werden uns Zeichen gesetzt?

Man kommt ins Grübeln, wenn man Hunde untereinander beobachtet. Man stellt fest, dass sie eigentlich ganz ähnliche Probleme miteinander haben wie wir Menschen mit unseren Kollegen. Da bilden sich kleine Gruppen, da wird wunderbar zusammen gespielt, da gibt es ausgesprochene Aversionen und am Ende vielleicht die Möglichkeit, dass man dem Unsympathen einfach aus dem Wege geht. Es gibt Eifersüchteleien, kleine Intrigen, Drohgebärden, die große Show und den kleinen versteckten Hinweis. Manche helfen sich, manche ignorieren sich, manche wollen es immer wieder wissen und geben niemals auf. Ach, Hunde sind so herrlich menschlich. Oder sind wir Menschen so herrlich tierisch?

# Weil auch der Chef
# wie ein Hund behandelt werden will

D iese These klingt natürlich auf den ersten Blick etwas ver-
wegen, aber denken Sie doch einmal darüber nach! Was
für den Hund gut ist, das wissen wir ja. Und genau dasselbe ist
auch für unseren Chef gut. Danke, Hund, dass du uns immer
wieder daran erinnerst! Hier zehn gute Gründe, warum Hund
und Chef viel gemeinsam haben.

Erstens: Der Hund braucht sehr viel Zuwendung. Die
braucht unser Chef auch, sonst ist er beleidigt. Also immer
schön loben und sagen, wie toll er doch ist!

Zweitens: Eine gewisse Zeit am Tag müssen wir dem Hund
widmen, und zwar möglichst immer dieselbe Zeit. Gar nicht
erst an unterschiedliche Rhythmen gewöhnen! Das wäre beim
Chef auch nicht gut: Er muss wissen, dass man Zeit für sich
selbst braucht.

Drittens: Der Hund versucht ständig, Macht über uns zu
bekommen. Darum testet er immer wieder, wie weit er gehen
kann. Gar nicht erst so weit kommen lassen! Frühzeitig einen
Riegel vorschieben, und zwar mit klarer, deutlicher Ansprache.
Ein wunderbares Rezept für den Umgang mit unserem Chef.

Viertens: Der Hund ist durchaus lernfähig, auch wenn er
vielleicht ein fauler Hund ist. Wir müssen ihn immer wieder
fordern und ihm was zu überlegen geben! Genauso machen
wir das auch mit unserem Chef. Solange der von uns Input
kriegt, wird er uns nicht feuern, oder?

Fünftens: Die beste Hundeleine ist die unsichtbare. Die der Hund auch dann spürt, wenn sie gar nicht angelegt ist. Direkt übertragbar auf unseren Chef! Den führen wir, und er merkt es gar nicht. Wenn wir schlau sind.

Sechstens: Der Hund ist unser Partner, und das weiß er. Wir wollen nicht ohne ihn, und er will nicht ohne uns. Das ist im Idealfall kein »Wir da oben, der da unten«, sondern es ist eine vernünftige Allianz aus verschiedenen Qualifikationen. Der Chef bezahlt uns. Er muss nicht können, was wir können. Aber er muss stets daran erinnert werden, dass er ohne uns gar nichts schaffen kann.

Siebtens: Im Konfliktfall kann es schon mal passieren, dass sich der Hund durchsetzt. Zum Beispiel wenn er abhaut oder ein Kommando ignoriert. Dies muss Konsequenzen haben, und zwar sofort. Ja nichts unterm Deckel lassen und verschweigen oder in sich hineinfressen! Sehr gute Strategie für die Firma und für den Umgang mit dem Chef.

Achtens: Für den Hund haben wir stets ein Leckerli in der Tasche. Damit wird er belohnt, wenn er was Gutes getan hat. Damit er es nächstes Mal wieder so schön macht. Für den Chef sollten wir stets ein verbales Leckerli in der Tasche haben, denn natürlich können wir ihn nicht ständig mit Schokolade oder einem Jägermeister verwöhnen, wenn er endlich mal etwas richtig gemacht hat. Aber ein paar Leckerli-Worte, die können wir doch parat haben! Sie wirken Wunder, und nächstes Mal ist der Chef wieder so schön folgsam. Weil er sich das nämlich merkt. Ganz wie der Hund.

Neuntens: Wenn wir den Hund alleine lassen müssen, dann sorgen wir dafür, dass sich jemand anderes um ihn kümmert. Warum machen wir das mit dem Chef nicht genauso? Wer sich kümmert und einen Ersatz besorgt, der kriegt öfter frei und kann sich seine Urlaubszeit selbst aussuchen!

Zehntens: Wir haben vielleicht mal Streit mit unserem Hund, aber wir stellen doch nie die Vertrauensfrage nach dem Motto »Jetzt machst du das, oder du kommst ins Tierheim«. Ein guter Arbeitnehmer hat auch mal Stress mit dem Chef. Er vergisst dabei aber nie, dass die Firma sein Zuhause ist, und droht nicht gleich damit, alles hinzuschmeißen. Sehen Sie: Hund und Chef haben wirklich sehr viel gemeinsam ...

## Weil man zum »Sekretärinnen-Flüsterer« wird

In jedem Hund steckt ein guter Kern, nur ist der manchmal etwas verschüttet und auf den ersten Blick nicht gleich erkennbar. In jeder Sekretärin steckt auch ein guter Kern, nur … (usw.). Bei Ihrem Hund werden Sie versuchen, diesen guten Kern zu entdecken und ihn wieder ans Tageslicht zu befördern: Mit guten Worten, vielen Streicheleinheiten und zahlreichen Übungen, die seine eher unangenehmen Seiten in den Hintergrund drängen.

Machen Sie es doch mit der Sekretärin, die Sie ständig anknurrt, genauso! Auch sie hat ihre guten Seiten. Wahrscheinlich ist sie im Grunde ihres Herzens eine richtig liebenswerte Kuschel-Schnuffel-Frau, die nur das Leben so hart gemacht hat. Aber diese raue Schale werden Sie doch durchbrechen können! Genauso wie Sie es bei einer störrischen Hündin versuchen würden. Immer wieder auf die Dame zugehen, immer wieder etwas Nettes sagen und Wohlverhalten direkt belohnen, ohne gleich jede Missetat und jede Unfreundlichkeit mit dem großen Knüppel zu ahnden. Werden Sie zum Sekretärinnen-Flüsterer, so wie manch ein genialer Tiertrainer ein echter Hunde-Flüsterer ist! Sie sitzen wahrscheinlich am längeren Hebel, denn Sie haben einen Plan, ein Ziel, eine Strategie. Von der das Opfer dieser Strategie (Hund, Hündin, Sekretärin, ganz egal) nichts weiß und auch nichts wissen muss. Nur das Ergebnis zählt im Umgang mit schwierigen Hunden – und mit schwierigen Sekretärinnen.

### Weil er der Liebling aller Kollegen ist

Ein Hund macht sympathisch. Das ist zwar kein Grund, einen Hund in die Familie aufzunehmen. Aber es ist ein sehr angenehmer Nebeneffekt. Vielleicht gelten Sie in Ihrer Firma als ausgesprochenes Ekel? Als ein Kollege, dem man besser nicht über den Weg traut und dem man keinesfalls ein privates Geheimnis anvertrauen sollte? Sie haben keine Freunde im Büro, und alle halten lieber Abstand zu Ihnen? Dann ist ein Hund genau richtig, um Ihren Kollegen auch einmal Ihre liebenswerten Seiten zu zeigen.

Aber es muss die richtige Rasse sein. Denn natürlich gilt das nicht für alle Hunde. Ein Ekel-Typ, der mit einem Kampfhund in die Firma kommt, dürfte sein schlechtes Image kaum verbessern. Eher im Gegenteil: Haben es nicht alle schon immer gewusst, was das für ein fieser Typ ist? Und nun schaut euch bloß mal diesen Hund an, der passt doch genau zu dem! Dass der liebe kleine Pitbull ein Herz wie ein Steiff-Teddy hat und sich sogar vor einer Fliege erschreckt, werden die Kollegen kaum glauben wollen. Man wird immer gleich mit der Hunderasse, die man an der Leine mit sich führt, in einen Topf geworfen. Daran werden Sie sich gewöhnen müssen.

Um der Kollegen Liebling zu werden, müssten Sie einen Schmusehund Ihr Eigen nennen, der die Kollegenherzen gleich erobert. Er sollte nicht zu klein sein, weil das immer ein bisschen lächerlich wirkt. Aber auch nicht zu groß. Gefährlich sollte er nicht aussehen. Eher harmlos und lieb. Es sollte so ein Hund sein, bei dem jede Kollegin gleich auf die Knie fällt und den sie unbedingt auch mal streicheln will. Dann ist der Hund sehr gut für Ihr Image, und schon morgen können Sie so beliebt sein wie Ihr Hund.

Es kommt der Tag, an dem Sie dienstfrei oder Urlaub haben. Natürlich verbringen Sie an diesem Tag viel Zeit mit Ihrem Hund, und ganz zufällig führt Sie der Weg an der Firma vorbei. Genau die richtige Gelegenheit, um sich auch einmal von der liebenswerten privaten Seite zu zeigen! Ein kleiner Besuch mit Hund in Ihrem Büro. Nur mal eine vergessene Post abholen oder etwas Ähnliches. Dass der Hund dabei ist, das ist natürlich reiner Zufall!

Die Kollegen laufen zusammen, alle wollen ihn mal anfassen und diskutieren mit Ihnen die Vor- und Nachteile ebendieser Rasse. Am nächsten Tag werden Sie noch oft darauf angesprochen: »Sie haben aber einen niedlichen Hund!« »Na, heute schon die große Runde mit dem Hund gelaufen?« »Wann bringen Sie ihn denn mal wieder mit?« »Meine Tochter würde ja zu gern mal Hundesitting machen … Sie könnte auch sehr gut mit ihm mal Gassi gehen, na ja, ein bisschen das Taschengeld aufbessern …« So wird man beliebt in der Firma. Und das verdanken Sie dem Hund.

Aber wie bereits erwähnt: Dieser Imagegewinn ist natürlich kein Grund, sich auf ein Tier einzulassen. Es ist nur ein Nebeneffekt – den man allerdings nicht unterschätzen sollte.

# Weil ein Hund nie dazwischenquatscht

Haben Sie nicht auch manchmal das Gefühl, dass Sie dringend mit jemandem über Ihre beruflichen Probleme sprechen sollten – nur ist gerade niemand da, der Ihnen zuhört? Da ist der Hund genau der richtige Partner. Sie werden ihn deswegen lieben. Denn der Hund hört immer zu. Er freut sich sogar, wenn Sie Ihre Probleme mit ihm teilen. Das kann man von den meisten Menschen nicht unbedingt sagen, denn die wollen jede traurige Geschichte höchstens zweimal hören. Aber nicht immer wieder von vorn. Dem Hund ist so etwas ganz egal. Er ist der geduldigste Zuhörer, den man sich vorstellen kann! Auch wenn Sie dieselbe Geschichte zum zehnten Mal loswerden möchten. Nun ist es ja so, dass Sie beim ständigen Wiederholen Ihres traurigen beruflichen Schicksals neue Gedanken fassen, jedes Mal ein bisschen weiterkommen, beim Erzählen Konsequenzen aus dem Erzählten ziehen und sich so nach und nach eine Strategie zurechtlegen, wie Sie aus dem Schlamassel wieder herauskommen können. Also, Sie drehen sich nicht ständig im Kreise – sondern es bringt Ihnen etwas, ein- und dieselbe Geschichte gebetsmühlenartig zu wiederholen. Dafür werden Sie kaum einen menschlichen Gesprächspartner finden. Die dafür notwendige Geduld bringen nicht einmal Ehefrau oder Ehemann auf. Also sind Sie normalerweise allein mit Ihrem Problem. Es sei denn, Sie haben einen Hund.

Der gibt zwar keine klugen Antworten. Aber er hört zu.

Unentwegt und unerschütterlich können Sie ihn Tag für Tag mit derselben Geschichte zutexten, und er wird immer noch ein aufmerksamer Zuhörer sein. So lange bis Sie die Geschichte selbst verarbeitet haben und zu einem guten Ergebnis gekommen sind. Warum sind die Menschen nicht ein bisschen mehr so wie Hunde?

# Weil man immer etwas Aufregendes zu erzählen hat

Die klassische Montagsfrage: Na, wie war dein Wochenende? Meistens kommen dann stets dieselben langweiligen Geschichten: Der eine war angeln so wie immer, der andere lag faul auf dem Sofa, der dritte hatte Besuch von den Schwiegereltern. Gar nichts Neues im Kollegenkreis? Doch: Denn Hundehalter haben immer etwas Spannendes zu berichten. Es finden sich auch sofort interessierte Zuhörer. Denn manche Kollegen haben selbst einen Hund, und die anderen hatten mal (oder wünschen sich) einen. Hunde sind ein unerschöpfliches Gesprächsthema; über ihre Erziehung kann man lange diskutieren, und auf jedem Spaziergang erlebt man ja irgendetwas Neues. Die Kollegen hören neidisch zu. Wie man bei Wind und Wetter draußen war, was der liebe Vierbeiner schon wieder Neues gelernt und was er alles angestellt hat! Hundelose Kollegen bangen mit, wenn das Tier krank ist. Manch einer würde ihn gern mal in Pflege nehmen. Viele haben Kinder, die sich zum Gassigehen anbieten. Gern gehört werden auch Geschichten, die sich mit Hund und Katz' befassen. Na, hat sie ihm wieder einen übergezogen? Hö, hö, hö. Da lacht die ganze Kollegenschar, und man selbst ist mittendrin. Optimal ist es natürlich, wenn man den Hund mit zur Arbeit bringen darf und die lieben Kollegen ihn dann selbst fragen können ...

## Weil er gut fürs Betriebsklima ist

Natürlich ist es aus guten Gründen heraus in den meisten Firmen nicht erlaubt, Hunde mit zur Arbeit zu bringen. Aber es gibt eben auch Ausnahmen. Ganz ideal ist das für die Kollegen, für den Hundehalter selbst und natürlich für das liebe Tier. Da liegt es glücklich und müde unterm Schreibtisch, räkelt sich bedächtig, begrüßt jeden Kollegen mit mattem Schwanzwedeln und freut sich, dass es bei Frauchen oder Herrchen sein darf. Morgens war der Weg zur Arbeit gleich die erste »Gassi-Runde«. In der Mittagspause geht man mit ihm ums Viereck, abends geht es gleich von der Arbeit zur »großen Runde«, und der Arbeitstag ist insgesamt viel entspannter.

Für das Betriebsklima ist der Hund auch gut. Es wird weniger gestritten. Schließlich muss ja erst der Hund gestreichelt werden, bevor man zur Sache kommt. Und auch wenn nicht: Der Hund guckt zu, und das mildert den eigenen Zorn. Heftige Diskussionen werden deshalb gleich viel sanfter ausgetragen, wenn ein Hund im Raum ist. Und: Hundehalter im Büro haben quasi Welpenschutz. Das läuft eher intuitiv ab: So wie der Hund ist, so wird auch sein Halter sein – das überträgt sich ganz automatisch. Wenn da so ein lieber kleiner Kerl unterm Schreibtisch schläft, im Traum mit den Läufen zuckt und vor sich hinschnarcht: Dann wird doch sein Halter kein Ekel sein!

In einem Friseursalon in der Hamburger Innenstadt liegt ein Dackel den ganzen Tag mitten im Raum zwischen all den

Stühlen und den mobilen Tischen mit den Kämmen, Bürsten, Shampoos und Föhnen. Alle, Friseurinnen und Kunden, steigen über ihn hinweg. Alle sprechen mit ihm. Er ist jedermanns guter Freund. In dem Salon herrscht eigentlich immer eine gute Stimmung. Die Kunden kommen miteinander schnell ins Gespräch, und die Friseurinnen vertragen sich ausgezeichnet. Der Dackel ist Maskottchen, Star und Kundenmagnet in diesem Salon, denn viele kommen extra seinetwegen! Kluge Chefs erlauben ihren Mitarbeitern, den Hund mitzubringen.

Ja, es stimmt: Wer seinen Hund mit in die Firma bringen darf, der ist ein wahrhaft glücklicher Hundehalter und wird seinen Hund noch mehr lieben. Plötzlich sind auch die Probleme so klein, die man vielleicht mit seinen Kollegen oder seinem Chef hat. Einmal zwischendurch den Hund streicheln, und man fühlt sich schon viel besser. Er guckt ja auch so liebevoll und vertrauensselig, dass man selbst – nur durch den Hund – ein besserer Mensch wird. Ein besserer Kollege. Ausgeglichener. Und belastbarer.

# Weil er den Kopf frei macht

Nichts ist so entspannend, wie nach der Arbeit mit dem Hund noch einen langen Abendspaziergang zu machen. Raus aus dem Büro und hinein in die Natur! Man stellt fest, dass die Arbeit nicht alles ist und die kleinen Alltagsprobleme gar nicht so wichtig sind. Was einem alles auffällt! Die ersten Knospen im Frühling, die verschiedenen Sommerdüfte im Park, die fallenden Herbstblätter. Eichhörnchen, die vorsorgen für den Winter. Die unterschiedlichsten Farbtöne in den Bäumen. Das Rascheln im Laub, der Hund ist alarmiert: Was mag das sein? Ein Igel vielleicht? Ein Hamster oder eine scheue Ratte? Der Hund bohrt seine Schnauze ins Erdreich. Sein Jagdtrieb ist erwacht. Zwar hat er keine Chance, aber er gibt niemals auf. Wir warten geduldig, bis er seine Aufgabe erledigt hat oder das Interesse verliert. Die Gedanken schweifen ab. Auf so einem Hundespaziergang nach Feierabend hat man alle Zeit der Welt. Neue Ideen wachsen im Kopf, fernab von dem täglichen Einerlei. Was wir schon lange in Angriff nehmen wollten, ist plötzlich wieder präsent. Vergessene Vorsätze melden sich mahnend. Verschüttete Pläne wollen endlich umgesetzt werden. Hehre Ideale fragen traurig, ob sie schon ganz vergessen sind. Kühne Träume erwachen, die man schon begraben glaubte. Innere Ruhe kehrt ein. So entspannt lässt der Angler am Fluss seinen Gedanken freien Lauf, vielleicht auch der Segelflieger da oben in den Wolken. Uns macht der Hund den Kopf so frei!

# Weil er uns fit für den Tag macht

Morgens ist es genauso. Aufstehen, frühstücken und raus an die frische Luft! Der neue Tag beginnt gleich ganz anders, wenn wir uns erst einmal den Wind um die Nase wehen lassen. Wer zwingt uns dazu? Natürlich der Hund! Ohne würden wir doch garantiert so lange wie möglich schlafen. Dann ist Eile angesagt. Kaum noch Zeit für ein anständiges Frühstück. Wir müssen uns beeilen und sind entsprechend muffelig und schlecht gelaunt. So aber nehmen wir uns morgens Zeit, die wir sonst nicht hätten! Hundehalter erkennt man in der U-Bahn an dem ausgeruhten Blick und im Auto an der entspannten Gelassenheit. Für sie hat der Tag schon früh begonnen. Es ist diese eine Stunde, die sie mit dem Hund verbringen. Sie beeinflusst den ganzen Tag.

Das ist aber nicht nur ein körperlicher Gewinn (Fitness, Kreislauf usw.), sondern auch ein psychischer: Die Bilder vom morgendlichen Gassigehen hat man den ganzen Tag über im Kopf. Man meint, die Gerüche der Natur in der Nase zu spüren, und die täglichen Probleme lassen sich einfach viel leichter meistern. Außerdem hat man etwas, worauf man sich freuen kann (siehe voriges Kapitel). Der fröhliche Tagesbeginn ist wirklich ein Grund, auf den Hund zu kommen und nie wieder ohne zu sein …

# KAPITEL 9

## Thema Urlaub

# Weil er uns Deutschland zeigt

W as auf den ersten Blick eher *kein* Grund ist, sich einen Hund zuzulegen, das erweist sich in der Praxis als wahrer Zugewinn an Freude und Lebensqualität: Viele Fernreisen müssen nämlich ausfallen, wenn man einen Hund hat. Die Gründe sind klar: Den langen Flug in einer Kiste mag man ihm nicht zumuten, und die Hitze im sonnigen Süden ist auch nicht unbedingt etwas für ihn. Weggeben? Könnte man machen. Aber nicht jeder hat das Geld für ein Hundehotel. Nicht jede Familie hat Großeltern, die sich liebevoll kümmern können (bzw. möchten). Und nicht jeder gibt den Hund gern in fremde Hände. Deshalb ist »Wohin mit dem Hund?« die entscheidende Frage, sobald die ersten Reiseprospekte auf dem Tisch liegen.

Könnte gut sein, dass sie schon bald wieder zugeklappt werden. Wir machen Urlaub in Deutschland! Natürlich mit Hund! Schon viele Eltern haben festgestellt, dass die Kinder zwar Mallorca in- und auswendig kennen – aber nicht einmal wissen, in welchen Bundesländern der Harz liegt. Und welcher 15-Jährige kann heute noch sagen, welcher Fluss aus Werra und Fulda wird?[*] Schwarzwald! Hotzenwald! Das Wiehengebirge! Die Müritz! Rügen! Pellworm! Oder die Hohwachter Bucht! Deutschland ist schön. Nicht unbedingt billig, nicht

---

[*] »Wo Werra sich und Fulda küssen, sie ihren Namen büßen müssen. Denn hier entsteht durch diesen Kuss, deutsch bis zum Meer, der Weserfluss.«

immer sonnig, aber auf jeden Fall das nächstgelegene Urlaubsland und äußerst hundefreundlich noch obendrein. Man liegt sogar im Trend damit. Immer mehr Deutsche entdecken unser Land und mögen gar nicht mehr wegfliegen.

Auf unserer Nordsee-Warft hören wir von den Urlaubsgästen immer wieder: »Wir sind ja bisher in den Süden geflogen. Aber jetzt mit Hund möchten wir das nicht mehr.« Nach einigen Tagen fragen sie sich dann, warum sie sich eigentlich diesen Stress all die Jahre angetan haben. Koffer ins Auto, nur ein paar Stunden unterwegs und gleich mit dem Hund über den Deich, wo die Kinder ihren Drachen steigen lassen und die Stille bis zum Horizont reicht. Wo weiße Schafe wie Watte auf den Wiesen kleben und der Seehund von der Sandbank winkt: Das ist nah dran, das ist schön, und das gefällt der ganzen Familie. Danke, Hund, dass du uns hierher geschickt hast!

## Weil er uns ausschlafen lässt

Ich bin im Urlaub Langschläfer, so wie Sie vermutlich auch. Egal, wann ich aufstehen muss: Es ist immer zu früh. *Ich muss nicht zur Arbeit!* Und deshalb ist es hochgefährlich, mich in den »schönsten Wochen des Jahres« aus dem Schlaf zu reißen oder gar anzusprechen. Meine Wut kann den Zimmerservice treffen, die spanische Müllabfuhr oder den fröhlich pfeifenden friesischen Nachbarn. Meine Frau bleibt von meinem Zorn ebenso wenig verschont wie der harmlose Anrufer, der sich am Zimmertelefon verwählt hat. Im Urlaub zu früh geweckt, hasse ich die Menschen und mich selbst. Es gibt nur einen, der mich schon im Halbschlaf lächeln lässt. Und das ist der Hund.

So ein Hund kommt nicht einfach ins Schlafzimmer, macht Lärm und sagt: Hey, hier bin ich! Jetzt steh gefälligst auf und unternimm etwas mit mir! Nein: Das macht ein Kleinkind, weil es das nicht besser weiß, was ja auch okay ist. Ein Hund hingegen stellt sich auf die Eigenheiten seines Menschen ein. Er ist der sanftmütigste und trotzdem fröhlichste Wecker, den man sich vorstellen kann. Außerdem weiß er ja, dass Urlaub ist.

Zunächst hört man ihn herumtapsen und den nächtlichen Durst löschen. Das klingt wie eine Elefantenfamilie an der Tränke nach einer Woche Gewaltmarsch durch die Wüste. Schlapp, schlapp, schlapp. Dann macht es rrrums, denn er legt sich noch mal hin. Doch irgendwann kommt das Tapsen seiner

Pfoten endgültig näher, wie wir im Halbschlaf registrieren. In der halb offenen Tür des Schlafzimmers macht er erst einmal Halt, steckt den Kopf rein und schnuppert. Irgendwie ist er ja nicht zu Hause, sondern im Urlaub. Aber die Menschen kennt er. Alle da? Alles wie immer? Fehlt vielleicht jemand im Menschenrudel? Muss ich mir Sorgen machen? Nein, alles ist wie immer, also ist alles gut. Der Hund kommt nun rein ins Schlafzimmer, und zwar auf Samtpfoten. Sozusagen auf Zehenspitzen dreht er seine übliche Weckrunde: Von der Tür zu meinem Bett, kurz schnuppern, weiter zur anderen Bettseite, wo Frauchen liegt, kurz schnuppern, zurück zu mir, hinsetzen und gucken.

Wenn ich eben geschrieben habe: »Schnuppern«, dann meine ich ein ganz besonderes Schnuppern. Der Hund kräuselt dabei nämlich seine Nase bzw. Schnauze. Das sieht lustig aus, wenn man denn schon die Augen offen hat. Er verzieht dabei keine Miene. Nur die Schnauze hebt sich und bewegt sich in einem eigenartigen Schnupper-Rhythmus.

Dabei guckt mich der Hund unverwandt an. Und zwar guckt er im Sitzen von oben auf mich, den Menschen im Halbschlaf, herab. Er sitzt da und guckt. Dabei rührt er sich nicht. Er sitzt und guckt. Er schaut sich nichts an, seine Augen gehen nicht auf Wanderschaft, er zeigt auch kein besonderes Interesse an irgendetwas: Er sitzt nur da und guckt.

Wissen Sie, was das für eine sanfte Art und Weise ist, geweckt zu werden? Nur mit der Kraft des unverwandten Blickes? Na gut: Man könnte auch sagen, es nervt ungemein und hindert einen daran, noch mal richtig wegzudösen. Kein Mensch kann den Urlaubsschlaf genießen, wenn er unverwandt angestarrt wird!

Nach ungefähr fünf Minuten kapiert er dann, dass wir noch eine Weile brauchen werden. Er legt sich nun vors Bett. Dabei schnauft er einmal aus tiefster Seele. »Hach, diese Menschen«, will mir dieses Schnaufgeräusch sagen. Weitere fünf Minuten später bin ich so weit und hebe die Füße aus dem Bett.

Und das – genau das ist der Moment, wo mein Hund lebhaft wird. Jetzt wird geschleckt und geleckt, gewuselt und gewedelt, dass es eine Hundefreude ist (natürlich steht längst nichts mehr im Schlafzimmer herum, was aus Porzellan, Glas oder sonst wie zerbrechlich ist: Entweder haben wir es weggeräumt, oder der Vermieter hat es getan, oder der wedelnde Hundeschwanz hat es erwischt). Jaaaa, der Urlaubstag kann beginnen. Und es wird ein guter Tag.

Um dem Hund aber nicht mehr zarte Gefühle zu unterstellen, als er in Wahrheit hat, muss man eins bedenken: Er macht das alles nicht aus purer Rücksichtnahme. Ginge es nach ihm, würde er das Schlafzimmer stürmen, mit einem Hechtsprung mitten auf der Hotelbettdecke landen und augenblicklich damit beginnen, Herrchen und Frauchen das Gesicht abzulecken. Dann würde er sich quer aufs Bett legen und allerlei Schabernack treiben wie zum Beispiel Kissen zerkauen, Unterwäsche entführen, an Pantoffeln knabbern und was ein Hund sonst noch äußerst witzig findet. Das alles darf er aber nicht. Benimmt er sich daneben, kriegt er Ärger. Das weiß der Hund natürlich. Und deshalb (nur deshalb!) ist er schon morgens so überaus rücksichtsvoll, wenn Sie gerade aufwachen.

## Weil man nur noch an freundliche Vermieter gerät

Verlassen Sie sich ruhig drauf: Wenn Ihr Urlaubs-Vermieter Hunde akzeptiert, ist er freundlich. Ich würde niemals eine Ferienwohnung mieten, wo die Hälfte der Bevölkerung gleich von vornherein ausgeschlossen ist, nach dem Motto: Keine Raucher, keine Hunde. Fehlt nur noch: Keine Kinder, keine Ausländer! Solche Vermieter rufe ich gern noch einmal unter anderem Namen an und sage: Wir haben keine Kinder und rauchen auch nicht, nur unsere beiden 17-jährigen Deutschrussen aus dem Heim für Schwererziehbare werden uns begleiten. Komischerweise ist dann meistens die Wohnung gerade anderweitig vermietet worden. Also: Wo Hunde erlaubt sind, ist der Vermieter meistens recht entspannt. Vielleicht hat er selbst einen Hund. Oder er fragt sich, wo Familien mit Hund denn sonst Urlaub machen sollen, wenn keiner den Hund akzeptiert. Zum Glück sind die Hunde-Zeitschriften (von denen es unzählige gibt) voll mit solchen tierfreundlichen Urlaubsquartieren. Da herrscht das reinste Überangebot. Sie haben manchmal sogar den Eindruck, dass Sie nur Ihren Hund dort Urlaub machen lassen sollen und selbst so nebenbei mitlaufen! Zumindest ist in den vielen Kleinanzeigen mehr die Rede vom Hund als vom Menschen …

# Weil man immer
# ein sauberes Quartier bekommt

Viele Vorurteile im Zusammenhang mit Hunden stimmen einfach nicht. Eines davon lautet: Wo Hunde Urlaub machen dürfen, ist das Ferienquartier verlaust, verdreckt und voller Hundehaare. Das Gegenteil ist der Fall! Die Vermieter kennen die Probleme nämlich aus eigener Erfahrung und sorgen vor. Meistens sind die Böden gefliest, was schon einmal mehr Hygiene bedeutet als Teppichboden. Die Wände sind mit abwaschbarer Farbe gestrichen, die man schön sauber halten kann. Und die Möbel werden natürlich bei jedem Bettenwechsel ganz besonders gründlich gereinigt. Da kann man sich fast blind drauf verlassen. Jeder Hund hinterlässt seine Spuren in einer Wohnung. Das ist ganz klar. Und deshalb reinigen Vermieter, die Hunde akzeptieren, ihre Quartiere besonders gründlich. Zumal es leider Hundehalter gibt, die ihre vierbeinigen »Lieblinge« schamlos auf der Urlaubs-Couch sitzen lassen oder gar mit ins Hotelbett nehmen. Beides geht natürlich gar nicht! Hundefreundliche Hotels haben außerdem hundefreundliches Personal, was auch ein Vorteil für die zweibeinigen Gäste ist. Denn wer den Hund willkommen heißt und ein Leckerli aus der Schürzentasche zieht, der ist bestimmt nicht unfreundlich zu Frauchen und Herrchen.

## Weil man sofort nette Urlaubsbekanntschaften schließt

Der Hund ist kaum aus dem Auto gesprungen und erkundet gerade seine neue Umgebung, da haben Sie schon die ersten netten Urlaubsbekanntschaften gemacht. Denn Urlaub mit Hund läuft ja ganz anders ab, als wenn Sie wortlos neben Ihrem fetten britischen Ekel-Nachbarn unter Spaniens Sonne auf dem Hotelliegestuhl am chlorverseuchten Pool braten. Der Hund macht die Kontakte! Vielleicht hat er bereits einen Spielkameraden gefunden. Sie können ziemlich sicher sein, dass die Menschen dazu auch ganz nett sind. Sonst hätten sie nämlich keinen Hund. Zumindest kann man mit ihnen reden! Oder Ihrer ist der einzige Hund. Dann werden sich die Kinder von den anderen Urlaubern um den Köter reißen, und Sie haben ein paar Tage gar keine Mühe mit ihm. In den meisten Hotels darf man den Kleinen nicht mit in den Frühstücksraum nehmen, aber das macht nichts. Die anderen Familien fragen schon: Wo ist er denn, wie geht es ihm? Sehen wir ihn nachher am Strand? Oder er darf mit und sich unter den Tisch legen, und dann hat er sein zweites Frühstück schon auf dem Weg von der Tür bis zum Tisch bekommen. Weil plötzlich und unerwartet von jedem Tisch irgendein Stück Wurst zu Boden fällt. Gerade, wenn Sie mit ihm vorbeimarschieren. Mhm, das findet er lecker. Sie werden nie wieder in einem Hotel einchecken wollen, wo Hunde unerwünscht sind – sogar dann nicht, wenn Ihr eigener zu Hause geblieben ist.

# Weil im Urlaub nie mehr Langeweile aufkommt

Hundeurlaub in Deutschland bedeutet natürlich, dass Sie keine Wettergarantie buchen können. Es kann also sein, dass es tagelang regnet. Wie schnell kommt da Langeweile auf! Nicht mit dem Hund. Der muss nämlich trotzdem raus, und natürlich kommt die ganze Familie mit. »Es gibt kein schlechtes Wetter, nur die falschen Klamotten!« Gummistiefel und Ölzeug an und raus an die frische Luft! Der tosende Sturm verschluckt die mäkelnden Protestrufe Ihrer halbwüchsigen Kinder, die viel lieber im Zimmer geblieben wären und ihre Lieblingsserie geguckt hätten. Einfach ignorieren!

Tiefe graue Wolken fliegen über den Horizont, der Regen scheint von unten zu kommen, die Brille beschlägt, und es tropft in den Kragen hinein. Weiter, immer weiter! Der Hund läuft vorweg und schaut sich schon um: »Wann kommt ihr denn endlich nach?« Irgendwo hat eine verschlafene Dorf-kneipe geöffnet. Ein heißer Punsch, Kakao für die Kinder, schnell aufwärmen und dann den ganzen Weg zurück! Wieder im Urlaubsquartier angekommen, wird erst einmal heiß ge-duscht, und die nassen Klamotten hängen zum Abtropfen in der Badewanne. Der Hund ist glücklich, die Kinder maulen immer noch – aber später werden sie ihren eigenen Kindern von genau diesem herrlichen Regenspaziergang erzählen: wie schön und abenteuerlich das war. Wirklich ein unvergessliches Urlaubserlebnis. Dem Hund sei Dank dafür!

## Weil er den Urlaub verlängert

Man darf auch nicht vergessen, dass man als Hundehalter mindestens einen Urlaubstag mehr hat. Denn An- und Abreisetage sind bereits Urlaub. Man muss auch nicht so lange still sitzen, wie wenn man weit weg fliegt. Viele Zwangspausen werden eingeplant, und die nicht nur auf Autobahnrastplätzen. So lernt die Familie auch mal die kleinen Städte links und rechts der Autobahn kennen! Eben mal schnell abbiegen, im nächsten Ort gibt es einen schönen Park, der Hund kann herumwetzen, und wenn wir schon einmal dort sind – warum nicht gleich im Kaffeegarten ein Stück Kuchen essen und sich auch sonst ein wenig umsehen? Mit Hund reist man viel entspannter.

Ebenso abwechslungsreich wird dann die Rückreise. Morgens liegt man vielleicht noch am Strand, Kinder und Hunde toben ein letztes Mal nach Herzenslust herum, und erst wenn die Sonne sinkt, werden alle »hundemüde« ins Auto verfrachtet. Sie denken an die vielen Jahre zurück, in denen Sie noch keinen Hund hatten und ganz selbstverständlich immer wieder in den Süden geflogen sind. Zwei volle Tage hat das gekostet, wenn man Anreise, Einchecken und womöglich noch Umsteigen mitberücksichtigt! Verlorene Zeit, klimafeindlich obendrein und teuer auch noch. Sie nehmen den Fuß vom Gas: kleine Pause, denn der Hund muss noch mal raus. Und bald sind wir zu Hause.

# Weil man
## mit ihm schwimmen kann

Vermutlich werden Sie als Neu-Hundehalter eine Zeitschrift abonnieren, die nur von Leuten gelesen wird, die dieselbe Hunderasse halten. Deshalb heißt sie meistens auch so wie die Hunderasse. In solchen Zeitschriften erfahren Sie nicht nur Wissenswertes über Ihren Hund, sehen viele Fotos von seinen Artgenossen und lesen, was andere Leute mit dieser Rasse erleben. Sondern Sie werden auch ständig zu irgendwelchen Rasse-Treffen eingeladen. Anfangs sind Sie skeptisch, denn Vereinsmeierei ist nicht unbedingt etwas für Sie. Aber warum nicht einmal probeweise hinfahren? Ein schöner Wochenend-Kurztrip an die See war doch schon lange geplant. Und wenn sich da so an die dreißig Familien mit derselben Rasse zum Hundeschwimmen treffen … Sie haben keine Ahnung, wie lustig das sein kann! Ihr Hund springt aus dem Auto, stutzt und wundert sich. Was ist denn hier los?, sagt seine Körperhaltung. Das sind ja alles meine Kumpels! Und so viele schöne Hundefrauen! Jetzt aber los. Keiner meckert, wenn er aus Versehen umgerannt wird, denn alle haben auch so einen Hund dabei. Sie haben Mühe, Ihren in dem Getümmel überhaupt zu erkennen. Weil ja alle auch ziemlich gleich aussehen.

Es ist das reinste Hundeparadies. Der Strand ist weitläufig und scheinbar an diesem Wochenende für Ihren Hund und seine Freunde reserviert. Jedenfalls kann er tun und lassen, was er will. Da geht einer in die See! Drei, vier hinterher! Ihrer war bisher eigentlich wasserscheu, aber jetzt will er nicht der Letzte sein. Man merkt, wie er sich überwinden muss. Hochbeinig prüft er die Wassertemperatur. Da schubst ihn einer von hinten, er schluckt Wasser, verliert den Boden unter den Füßen und – er paddelt! Vor Aufregung und Freude ist er so abgelenkt, dass er es selbst viel zu spät merkt. Jetzt dreht er um und stellt dabei fest, dass er tatsächlich die Richtung bestimmen kann. Schnell wieder raus! Er schüttelt sich, alle werden nass, keiner beschwert sich, und dann sind Sie dran. Zum ersten Mal baden Sie mit Ihrem Hund gemeinsam. Was meinen Sie, wie toll das ist!

Allerdings empfiehlt es sich, ab einer bestimmten Hundegröße einen Neoprenanzug zu tragen. Wenn Sie einmal mit tiefen Kratzern von paddelnden Hundepfoten und mit schmerzverzerrtem Gesicht aus dem Salzwasser gestiegen sind, dann wissen Sie, warum. Immer wieder gern erzählt werden auch Geschichten von Hunden, die im Wasser plötzlich ihren Rettungsinstinkt entdecken und das schwimmende Herrchen in Gefahr wähnen. Äußerst lobenswert, dass der Hund so fürsorglich ist – aber nicht ungefährlich, da er zum Retten nun mal seine Zähne gebraucht ...

## Weil er so gerne Arbeitsurlaub macht

Ebenfalls in diesen Hundezeitschriften, die nur für die Halter einer Rasse herausgegeben werden, lesen Sie aufmerksam von Spezialkursen. Mensch und Hund fahren irgendwohin, und der Hund soll etwas lernen. Natürlich entspricht es seiner natürlichen Begabung. Das interessiert Sie brennend. Vielleicht haben Sie einen Hund, dem man die Fähigkeit zum Aufstöbern von Skiläufern unter einer Lawine nachsagt. Sie laufen zwar auch gerne Ski. Aber wie wollen Sie feststellen, ob Ihr Hund Sie tatsächlich finden würde, wenn Sie verschüttet sind? Da gibt es nun einen Winterkurs, wo Ihr Hund – nein, nicht gleich zum Rettungshund ausgebildet wird, aber wo er doch so einiges lernen und seine Fähigkeiten entwickeln kann. Veranstaltet wird das Ganze vielleicht von einem professionellen Retter, der auch so eine Rasse einsetzt. Gleichzeitig kann Ihre Familie Skiurlaub machen. Ideal!

Plötzlich ist Ihr Hund gefordert. Für ihn ist dieses Training Schwerstarbeit. Nach einer Stunde kann er nicht mehr und ist total kaputt. Aber glücklich. Er kann es kaum erwarten, bis es am nächsten Tag die nächste Lektion zu lernen gibt. Längst hat er sich mit den anderen Hunden angefreundet. Sobald er seine Ruhephase hatte, trifft man sich zu einem Winterspaziergang. Abends am Kamin wird dann eine gute Flasche Wein entkorkt, die Hunde schnarchen auf den kühlen Fliesen, und die Menschen tauschen ihre Erfahrungen aus. Die Kinder sind derweil in der Winter-Disco beim Après-Ski. Wenn man sich Sorgen macht, dann um sie. Aber nicht um den Hund! Ein rundherum gelungener Arbeitsurlaub, den Sie nächstes Jahr auf jeden Fall wieder buchen werden. Und zu Hause erzählen Sie stolz, dass Ihr Hund jetzt eine Rettungsausbildung gemacht hat …

## *Weil er ein Kumpel fürs Leben ist*

Aus Hunde-Urlaubsbekanntschaften sind schon oft echte Freundschaften geworden, und zwar Menschen-Freundschaften. Es liegt wohl daran, dass eine bestimmte Art von Menschen sich eine bestimmte Hunderasse zulegt. Deshalb versteht man sich mit Leuten, die dieselbe Rasse haben, besonders gut.

Sie haben nun über Ihre Hunderassen-Zeitschrift einen Hunderassen-Urlaub gebucht und dabei eine Familie kennengelernt, die eigentlich genauso tickt wie Ihre. Und das bezieht sich nicht nur auf den Hund. Da ist schnell eine gewisse Verbundenheit zu spüren: Die Kinder kommen gut miteinander aus, die Hunde sowieso, die Frauen haben dieselben Themen und die Männer schweigen gemeinsam. Einige schöne Wochen sind vergangen, und irgendwann kommt das Gespräch aufs nächste Urlaubsjahr. Warum nicht wieder gemeinsam irgendwohin fahren? Zwei Familien mit zwei Hunden können sich – was die Hundebetreuung angeht – doch auch mal abwechseln, wenn die anderen zum Beispiel eine Sightseeing-Tour machen möchten. Hundefeinde sind schnell in die Minderheit gedrängt, wenn sie es gleich mit zwei Hundefamilien zu tun haben. Und die Hunde selbst freuen sich sowieso, wenn sie nicht alleine im Schatten liegen müssen. Im nächsten Jahr stellt man dann zunächst einmal fest, dass alle älter geworden sind. Nicht nur der eigene Hund, sondern auch die anderen Kinder. Man muss nicht mehr viel sprechen, was vor allem den Männern sehr gut gefällt. Man ist im Urlaub, aber es ist schon fast, als würde man nach Hause kommen. Nächstes Jahr wieder, keine Frage!

# Weil ein Hund den Urlaub zum Familienerlebnis macht

Meistens ist es doch so: Der Hund gehört den Kindern, die Mutter muss sich um den Hund kümmern, und der Vater kriegt abends was vom Hund erzählt. Das ist eigentlich nicht so schön.

Erst im Urlaub kümmern sich endlich einmal alle um den Hund. Außer Mama. Sie kann die Füße hochlegen, denn nun ist Papa dran, und der nimmt die Kinder mit. Endlich erlebt er mal selbst, wie das so ist mit dem Hund! Wie soll er denn eine Beziehung zu ihm aufbauen, wenn er das ganze Jahr bei der Arbeit ist? Kommt er nach Hause, sind die Kinder vielleicht schon bettfertig, und der Hund will nur noch mal kurz raus und dann ebenfalls schlafen gehen. So haben die meisten Männer eine eher theoretische Beziehung zum Hund, mit der Praxis haben sie so viel nicht zu tun.

Jetzt in den Ferien haben sie endlich auch einmal Erfolgserlebnisse. Und es ist bemerkenswert, wie intensiv sie sich um den Hund kümmern. Weil sie naturgemäß eine lautere und tiefere Stimme haben, gehorcht der Hund ihnen womöglich schneller als dem Rest des Familienrudels. Das wird dann stolz beim Abendbrot erzählt. Gern bringen sie ihm was Neues bei. Die Kinder sind auch begeistert, denn so viel Papa haben sie sonst nicht. Der Hund macht den Urlaub erst zum richtigen Familienerlebnis. Es geht nicht um die Schule und schlechte Zensuren, nicht ums Aufräumen des Kinderzimmers und die ganzen anderen leidigen Themen, die einen das Jahr über so begleiten und die man im Alltag auch nicht so einfach ausklammern kann. Friede, Freude, Hundekuchen!

## KAPITEL 10

*Hier nennen
elf Hundehalter
ihre ganz
persönlichen Gründe*

# »Weil mein Hund so lustig ist und mich immer zum Lachen bringt«

Ich bin 42 Jahre alt, weiblich, Single. Mein Job als Sekretärin in einer Baufirma macht mir zwar viel Spaß, aber es gibt auch immer wieder mal Ärger. Oft bin ich total gefrustet, wenn ich abends nach Hause komme. Dann baut mein kleiner Cockerspaniel Dennis mich wieder auf, und dafür liebe ich ihn besonders. Er liegt schon an der Tür, wenn ich den Schlüssel umdrehe. Er springt an mir hoch, dreht sich vor Freude wie wild im Kreis und wedelt mit dem Schwanz. Dann zeigt er mir, was er den Tag über gemacht hat, also er schleppt zum Beispiel die Reste einer zerrissenen Zeitung an und kann überhaupt nicht verstehen, dass ich davon nicht so begeistert bin. Vor allem aber will er jetzt raus. Mittags kann ich nur rasch eine Viertelstunde mit ihm gehen. Deshalb ist jetzt am Abend seine Zeit. Er schleppt schon mal das Halsband und die Leine an und legt alles säuberlich vor die Tür. Dann sitzt er erwartungsfroh auf den Hinterbeinen und lauert darauf, dass ich mich endlich umgezogen habe. Meistens bestimmt er selbst, wo wir hingehen: auf die Wiese runter zum Fluss oder in den Park, wo die anderen Hunde sind. Ich lasse ihn dann von der Leine, und er tobt herum. Wenn er Purzelbäume schießt oder Vögel zu fangen versucht, das ist so lustig! Der ganze Ärger vom Tag fällt von mir ab, und ich fühle mich wie ausgewechselt. Ja, deshalb liebe ich meinen Hund besonders: weil er so lustig ist und mich immer wieder zum Lachen bringt.«

## »Weil Hunde die einzigen Wesen sind, denen man wirklich vertrauen kann«

Meinen ersten Hund hatte ich mit zwölf, und seitdem bin ich immer nur kurze Zeit ohne Hund gewesen. Ich habe Jura studiert und bin Anwalt geworden. Heute bin ich 52 Jahre alt. Hunde sind eigentlich die einzigen Wesen, denen man wirklich vertrauen kann. Das habe ich in all den Jahren festgestellt. Beruflich habe ich mit so viel schlechten Menschen zu tun, und privat habe ich auch viele Enttäuschungen erlebt. Menschen sind falsch und egoistisch. Meine Hunde waren es nie. Wenn ein Hund sich freut oder beleidigt ist, dann kann man es so akzeptieren. Er ist gar nicht in der Lage, sich zu verstellen. Wenn er einen Wunsch hat, dann äußert er ihn unmissverständlich. Wenn er etwas gar nicht möchte, zeigt er es auch. Er ist das verlässlichste Wesen, das ich mir vorstellen kann. Ich brauche mich bei meinem Hund auch nicht zu verstellen. Wenn ich schlechte Laune habe, dann kann ich ihm das zeigen und er lässt mich in Ruhe, bis ich wieder besser drauf bin. Er ist nicht nachtragend und dankbar für jede Zuwendung. Manchmal glaube ich, dass Hunde einfach bessere Wesen sind als wir Menschen. Sie haben einfach keine schlechten Eigenschaften. Einige meiner Freunde hatten noch niemals einen Hund, und die können es natürlich nur schwer begreifen: Warum tust du dir das an?, sagen sie manchmal. Immer mit dem Hund raus, bei Wind und Wetter, und niemals hast du so ganz deine Ruhe. Ich sage dagegen: Doch, gerade der Hund gibt mir meine innere Ruhe! Weil er so abgeklärt und ausgeglichen ist, und das färbt auf mich ab. Es ist jetzt schon mein zwölfter Hund, aber bestimmt noch nicht mein letzter. Ohne Hunde ist das Leben nämlich nur halb so schön!«

# »Weil ich keine Partnerschaft mehr brauche, seit ich einen Hund habe«

Es klingt vielleicht seltsam für alle, die keinen Hund haben. Aber es ist so: Mein Hund gibt mir vieles, was ich in zwischenmenschlichen Partnerschaften nicht gefunden habe. Wer hält schon meine ganzen Macken auf Jahre aus? Wer stellt so wenige eigene Ansprüche und geht so sehr auf meine ein? Wer ist immer für mich da und tröstet mich zu jeder Tages- und Nachtzeit? Wer freut sich mit mir, wenn ich glücklich bin, und baut mich in schlechten Zeiten wieder auf? Das alles macht mein Hund, und kein Partner würde das so intensiv tun. Seit meiner Scheidung vor zwei Jahren habe ich nun den kleinen Derrick, wie ich ihn nenne. Weil er so ähnlich guckt wie der aus dem Fernsehen. Ich habe noch keinen Tag bereut. Von Beruf bin ich Übersetzerin, ich arbeite von zu Hause aus und habe deshalb die besten Voraussetzungen für einen Hund. Er ist das wichtigste Wesen in meinem Leben, und heute – mit 56 Jahren – möchte ich sagen: Eine Partnerschaft brauche ich nicht mehr, solange mein Hund bei mir ist! Wir sprechen viel miteinander, wir haben gemeinsam viel Spaß und unternehmen etwas zusammen. Das alles habe ich in meiner Ehe lange vermisst. Ja, ich bin glücklich mit meinem Hund und liebe ihn, obwohl ich natürlich auch einen großen Kreis von Menschen-Freunden habe.«

## »Weil unsere Kinder durch den Hund so viel gelernt haben«

Als Elternteil kann man ja so viel reden, aber kommt es auch bei den Kindern an? Unsere sind 15, 12 und 10 Jahre alt. So wie Kinder nun mal sind, denken sie eher an sich und erst dann an andere. Aber ihnen soziale Kompetenz zu vermitteln, das ist meinem Mann und mir sehr wichtig. Darum haben wir jedem Kind einen Hund gekauft, als es neun Jahre alt war. Wir können uns das leisten vom Platz her, weil wir ein Haus mit einem großen Garten haben. Nick, Dick und Pit heißen die drei Hunde. Alle sind undefinierbare Mischlinge, aber bei zweien ist wohl ein Labrador mit drin und beim dritten ein Pudel, mehr wissen wir nicht.

Es ist unglaublich, wie die Hunde unsere Kinder erziehen. Für die Kinder kommt erst das Tier, und dann kommen ihre eigenen Ansprüche. Sie kommen von der Schule, feuern ihre Tasche in die Ecke und gehen erst mal mit dem Hund raus! Mit ihren Freunden treffen sie sich nachmittags eigentlich nur, wenn sie ihren Hund mitnehmen können. Alles dreht sich um die Tiere. Sie bringen ihnen ständig was Neues bei und sind so stolz, wenn es dann auch klappt. Durch die Hunde haben wir auch kaum Streitigkeiten unter den Geschwistern. Obwohl sie ja für heutige Verhältnisse weit auseinander sind: Zwischen einem 15-Jährigen und seiner zehnjährigen Schwester liegen mindestens drei Generationen, so ist das heute nun mal. Durch die Tiere haben sie aber etwas gemeinsam. Sie kümmern sich auch gegenseitig um die anderen, also nicht nur jeder um seinen eigenen Hund. Neulich war unser Mittlerer einige Tage im Krankenhaus, weil er sich beim Fußball das Handgelenk und einige Rippen gebrochen hatte. Die anderen beiden haben sich darum gerissen, mit seinem Hund rauszugehen! Probleme kennen wir überhaupt nicht. Weder mit den Kindern noch mit den Hunden. Wenn ich manchmal so höre, wie andere Eltern über ihre Kinder in dem schwierigen Pubertätsalter klagen, dann bin ich immer dankbar, dass wir auf die Idee mit den Hunden gekommen sind. Ich muss allerdings auch dazu sagen, dass mein Mann und ich die Hunde konsequent den Kindern überlassen und uns nicht einmischen. Wir nehmen ihnen auch nichts von der Arbeit ab, die nun einmal damit verbunden ist. Da muss man sehr konsequent sein! Trotzdem lieben wir unsere sechs aber alle gleich, als wenn wir sechs Kinder hätten und nicht nur drei.«

### »Weil sich meine Hunde meine schwulen Partner aussuchen«

Ich bin ein schwuler Künstler aus Berlin-Kreuzberg und 37 Jahre alt. Seit Jahren habe ich Pekinesen. Damit werde ich doch einem schönen Vorurteil gerecht, denn wenn man einen Mann mit Glatze, Ohrring und einem Pekinesen sieht, dann weiß man doch gleich, dass der andersrum ist, oder? Aber ich liebe Vorurteile, weil sie so schön spießig sind. Also kleide ich mich schwul und habe auch so einen kleinen süßen Peki. Was ich nun festgestellt habe, ist: Mein Kleiner ist der beste Partnersucher überhaupt. Da wo wir immer Gassi gehen, treffen wir ständig andere Schwule, und über den Hund kommen wir gleich ins Gespräch. Ich achte dann immer darauf, wie sich der Hund verhält. Manche lehnt er gleich total ab und knurrt sie an. Bei anderen lässt er sich gern streicheln oder sogar auf den Arm nehmen, was bei ihm schon ein Beweis für äußerste Sympathie ist. Meine letzten drei Lebenspartner habe ich nach der Sympathie ausgesucht, die mein Hund ihnen entgegenbrachte. Alle drei Beziehungen waren sehr schön und haben auch einige Jahre gehalten. Auch meinen jetzigen Freund hat sich unser Hund selbst ausgesucht. Na ja, da hat vielleicht auch eine Rolle gespielt, dass der ebenfalls einen Hund hat! Jetzt sind wir eine richtige schöne Familie, und wenn es nach mir geht, bleibt es auch so. Aber ohne Hund kann ich mir das Leben gar nicht mehr vorstellen, das ist klar.«

## »Weil der Hund
## mir mein Alter versüßt«

Zum Glück hatten meine verstorbene Frau und ich schon viele Jahrzehnte einen Hund. So war es für mich ganz normal, dass ich nach ihrem Tod vor drei Jahren wieder auf den Hund gekommen bin; denn in den letzten Jahren ihrer Krankheit war es uns leider unmöglich, einen Hund zu halten. Als die erste Trauer verarbeitet war, habe ich mir vom Züchter einen reinrassigen Schäferhund geholt, und der ist jetzt meine ganze Lebensfreude.

Wissen Sie, ich bin 72 Jahre alt und habe keinen besonders großen Freundeskreis mehr, also eigentlich habe ich gar keinen. Man vereinsamt doch schnell im Alter. Ich habe alles gut im Griff, den Haushalt und so, nur mit der Einsamkeit würde ich bestimmt Schwierigkeiten haben und auch oftmals den Lebensmut verlieren. Aber da ist der Hund genau das Richtige. Wir üben sehr viel miteinander, und so ein Schäferhund ist ja auch nicht ohne. Er braucht eine strenge Erziehung, er darf nicht unterfordert sein und stellt recht hohe Ansprüche an seinen Halter. Mehrere Stunden verbringen wir täglich draußen. Das ist immer der Höhepunkt für mich. Fernsehen oder lesen, ja, das mache ich auch, dann eben den Haushalt, aber am liebsten bin ich doch mit meinem Hund unterwegs und bringe ihm was bei. Er hält mich auch fit, was für 72 ja nicht mehr so selbstverständlich ist. Viele sagen, ich sähe jünger aus. Ich glaube, dass ich wegen des Hundes bestimmt länger leben werde, als das ohne Hund der Fall wäre. Denn ich habe nicht immer gesund gelebt, was auch an meinem Beruf als Bauarbeiter gelegen hat. Der Rücken war schnell kaputt, und wir haben damals ja auch vieles einatmen müssen, was heute auf dem Bau längst verboten ist. Nein, mir geht es gut, und das verdanke ich als Witwer vor allem meinem Hund. Jetzt fehlt mir nur noch eine Frau.«

## »Weil mein Hund sogar mein Beruf ist«

Eigentlich war ganz klar, dass ich einmal Hundeführer bei der Polizei sein würde. Mein Vater war Polizist, mein Großvater war Polizist, mein älterer Bruder ist auch zur Polizei gegangen. Hunde hatten wir immer. In meiner Kindheit auf dem Dorf hatte ich sogar mit sehr vielen Hunden zu tun. Ich kann mich an keinen einzigen Tag erinnern, an dem nicht mindestens ein Hund bei uns zu Hause in der Küche gelegen und auf was Leckeres gehofft hat, das vielleicht beim Kochen abfallen könnte. Also, ich bin mit Hunden groß geworden und dann auch zur Polizei gegangen.

Irgendwann, da war ich 25, habe ich eine interne Ausschreibung gesehen, dass Hundeführer ausgebildet werden sollen. Ich fuhr damals Streife und war durchaus zufrieden damit, aber dass es die Erfüllung gewesen wäre, das konnte ich nicht sagen. Es »durchfuhr mich wie ein Blitz«, um das einmal so platt auszudrücken. Das war es, was ich immer gewollt hatte! Bei meiner Vorgeschichte und weil ich sehr gute Beurteilungen hatte, war es kein Problem, und ich begann die Ausbildung. Nun mache ich das schon zwölf Jahre.

Mein Hund – im Moment ist es ein ziemlich kluger Rottweiler-Mix – lebt mit mir, meiner Frau und den beiden Kindern in unserem Reihenhaus. Das funktioniert sehr gut. Das einzige Problem ist eigentlich der Schichtdienst, aber den haben andere Familien ja auch zu ertragen. Für meinen Hund ist es die optimale Lebenssituation. Ich bin ganz klar seine Nummer eins, und mit der kann er 24 Stunden am Tag zusammen sein und sogar arbeiten, was gibt es Schöneres für einen Hund? Er ist nie ohne mich, keine Stunde. Wir sind ein echtes, sehr gut eingespieltes Team. Hinzu kommt, dass ich die Abwechslung in meinem Beruf sehr liebe. Also unser Rex, so heißt er, ist nicht etwa ein Schnüffelhund, sondern er geht noch richtig auf Mann und stellt zum Beispiel Einbrecher, kann aber auch sehr gut Spuren lesen und so weiter, was eben so anfällt bei der Polizei. Ach so, er ist natürlich nicht mein erster. Zwei Hunde in all den Jahren sind aus Altersgründen aus dem Polizeidienst ausgeschieden, einer hat sich leider als untauglich erwiesen, und einer ist von einem Tatverdächtigen erstochen worden. Das war einer der schwärzesten Tage in meinem Leben, als der Hund in meinen Armen gestorben ist. In meinem Beruf darf ich mir keine Emotionen leisten, aber wenn ich daran denke, schlägt mein Herz vor ohnmächtiger Wut schneller und ich muss mich zusammenreißen. Damals wäre ich echt beinahe depressiv geworden und habe viel geweint, aber nur heimlich, denn es ist besser, wenn man nach außen den Coolen gibt. Sonst kann man ganz schnell einen Karriereknick haben.

Also, Rex und ich, wir sind das Dream-Team. Er ist jetzt fünf Jahre alt, und lange darf er nicht mehr im Dienst bleiben. Aber schon noch eine Weile. Das ist eine Frage der Fitness. Er muss ja echt gut drauf sein, wenn es ernst wird. Ein Geheimnis möchte ich noch verraten, was vielleicht für andere Hundehalter tröstlich ist: Glaubt ja nicht, dass die Polizeihunde alle so supergut erzogen sind, wie es den Anschein hat! Ich habe immer eine Tüte mit Leckerli in der Uniformtasche, genauso wie meine Kollegen auch. Und manch ein lässig hingerufener Befehl wird nur deshalb so schnell befolgt, weil meine rechte Hand knapp über der Hosentasche mit den Leckerli schwebt.«

## »Weil mein Hund mir schon einmal das Leben gerettet hat«

Ich bin heute 62 Jahre alt und bin meinem Hund unendlich dankbar, weil er mir nämlich das Leben gerettet hat. Die Geschichte klingt wie aus einem schlechten Film, aber sie ist wirklich so passiert. Es ist jetzt vier Jahre her, dass ich bei Glatteis einen Unfall mit meinem Auto hatte. Ich bin von der Straße abgekommen und in einen Graben gerutscht, wo man mich von der Straße aus nicht sehen konnte. Ich war mittelschwer verletzt. Zum Glück war der Airbag aufgegangen. Aber die Fahrertür ließ sich nicht mehr öffnen, und die rechte Tür lag unter Wasser. Ich wusste echt nicht, wie ich da rauskommen sollte. Es war furchtbar kalt, und ich zitterte. An mein Handy kam ich nicht heran. Ich habe dann die Scheibe heruntergekurbelt und mein Hund ist aus dem Auto gesprungen. Er war auch völlig verstört und hat erst eine Weile bellend vor dem Autowrack gestanden. Dann hat er sich auf den Weg gemacht und ist die Böschung hoch auf die Straße gelaufen. Wenig später hörte ich ein Auto hupen und Reifen quietschen. Dann sah ich eine Taschenlampe aufleuchten, und wenig später war dann auch die Feuerwehr vor Ort und hat mich herausgeschnitten.

Heute weiß ich, dass sich der Hund, übrigens ein heute 14-jähriger Pudel, mitten auf die Straße gesetzt und gewartet hat. Das Auto konnte nicht vorbei und hat gehalten. Dann ist der Fahrer ausgestiegen und hat versucht, den Hund von der Fahrbahn zu jagen. Der ist aber nur einige wenige Schritte gegangen und hat immer zu dem Graben hingeguckt. Da hat der Fahrer dann seine Taschenlampe genommen und in den Graben geleuchtet und das Auto da unten liegen sehen. Tja. Ich weiß nicht, was sich der Hund »gedacht« haben mag. Vielleicht war es ja alles nur ein Zufall und er saß nur ganz ohne Grund mitten auf der Fahrbahn.«

# »Weil ein Hund mich von der schiefen Bahn holte«

Ich bin ein ziemlich verrücktes Huhn. Als ich noch jung war, da habe ich alles ausprobiert, was damals angesagt war. Drogen, Alkohol, ich bin auch mal auf den Strich gegangen und nach Indien getrampt. Irgendwie hatte der liebe Gott vergessen, mir die nötige Vernunft mitzugeben. Mein Gott, dass ich das alles überlebt habe, das ist ein Wunder. Heute bin ich alt. Und wenn ich so zurückblicke, dann muss ich sagen: Es waren Hunde, die mich immer wieder auf den Boden zurückgeholt haben. Menschen waren mir nicht so wichtig. Die konnte ich verlassen und vergessen. Aber meine Hunde, für die bin ich immer da gewesen. Ich war nie so weit unten, dass ich meine Pflichten vergessen hätte, was die Hunde angeht. Eine Zeitlang habe ich mal an der Straße gesessen und gebettelt, aber die beiden Hunde neben mir, denen hat es an nichts gefehlt. Seidiges Fell, gut im Futter, die Leute haben oftmals nur wegen der Hunde was gegeben.

Als ich dann die Kurve ins bürgerliche Leben gekriegt habe, da war auch ein Hund daran beteiligt. Und zwar wollte ich unbedingt einen haben, der aus vielen Gründen nicht mehr bei den Leuten bleiben konnte, bei denen er war. Die haben aber gewusst, was ich für ein Leben führe, und gesagt, dass sie ihren Hund nicht an so eine geben wollen. Das hat mich tief gekränkt, denn ich war ja immer gut zu meinen Hunden gewesen. Ich kam damals gerade aus der Haft, wo ich einige

Wochen wegen Diebstahls gesessen hatte, und eigentlich wollte ich wieder auf die Straße. Aber das hat mich so gewurmt, dass ich echt zur Behörde gegangen bin und die davon überzeugt habe, dass ich Hilfe brauche und sie auch gut nutzen werde. Dann bekam ich eine Wohnung und sogar Arbeit und dann auch den Hund. Das war ein später Knick in meinem Leben, aber er war gut, und irgendwie verdanke ich das auch dem Hund. Heute bin ich schon fast Rentner und freue mich auch darauf, dass ich dann mehr Zeit für Tiere haben werde. Vielleicht fange ich noch einmal was ganz Neues an. Natürlich irgendwas mit Hunden, ehrenamtlich oder so.«

# »Weil unser Hund meiner Frau treu bis in den Tod war«

Wir hatten eigentlich immer Golden Retriever. Schon lange, bevor es ein Modehund wurde. Sie haben sich immer selbst ausgesucht, wer ihre Nummer eins war: Manchmal ich, und manchmal meine Frau. Wir hatten eine sehr gute Ehe und haben gemeinsam fünf Kinder großgezogen. Inzwischen sind ja auch schon viele Enkel da. Jedenfalls war unser letzter Hund total auf meine Frau fixiert. Ich lief eher so nebenbei mit. Als meine Frau dann krank geworden ist, da ist der Hund körperlich total verfallen. Ich konnte nicht viel machen. Er hat mit meiner Frau gelitten. Sie war lange im Krankenhaus und ist am Ende dann aber zu Hause gestorben. Bei der Beerdigung war unser Hund natürlich auch dabei. Und es war, als wenn er wüsste, wer da beerdigt wurde. Als alle weg waren, konnte ich ihn kaum vom Grab wegbekommen. Wir standen da ganz alleine, es regnete, und ich habe noch geweint, und er saß da und hat auf dem Grab gewinselt. Ich glaube ja nicht, dass er durch den Sarg hindurch etwas riechen konnte, aber Tatsache ist, dass ich ihn lange Zeit nicht dort wegbekommen habe. Das glaubt mir vielleicht keiner, aber es ist so gewesen. Und zwei Wochen später ist er dann plötzlich auch gestorben. Obwohl er ganz gesund war, wenn man einmal von seiner Trauer absieht. Ja, er war ihr wirklich treu bis in den Tod.«

## »111 Hunde und kein einziger Grund«

Vor acht Jahren machte ich Urlaub in Spanien, und dort taten mir die verkommenen, gequälten und vernachlässigten Straßenköter unendlich leid. Ich habe einen mit nach Deutschland gebracht und ihn hier erst einmal aufgepäppelt und dann an eine liebe Familie weitervermittelt. Aber schon bald bin ich wieder nach Spanien geflogen. Das Schicksal der Hunde ließ mir einfach keine Ruhe. Zum Glück habe ich ein großes Grundstück, das einsam im Wald liegt. Da kann ich so viele Hunde halten, wie ich will. Auf mehreren Reisen, die natürlich mit privaten Autos gemacht werden mussten, habe ich seitdem weitere 110 Hunde aus Spanien geholt. Im Moment leben zwölf bei mir, und die anderen habe ich alle vermittelt. Es ist sozusagen meine Lebensaufgabe geworden. Einen Grund kann ich dafür eigentlich nicht nennen. Ich hatte vorher niemals Hunde, allerdings auch sonst keine größeren Aufgaben, denn ich bin seit sieben Jahren auf Rente und kann ganz gut davon leben. Kinder habe ich keine, und mein Mann ist vor einigen Jahren gestorben. Jetzt sind die Hunde mein Lebensinhalt. Sicher weiß ich, dass es in Deutschland auch viele Hunde gibt, denen geholfen werden muss. Man schaue sich nur einmal in den vielen Tierheimen um. Aber im Gegensatz zu den spanischen geht es unseren Hunden sogar im Heim noch relativ gut.

Einige Bekannte von mir machen mit, und wenn wieder einmal ein größerer Hundetransport ansteht, dann übernehmen sie die Fahrerei. Im Flieger kann man ja so viele Hunde nicht transportieren, das ist erstens zu teuer und zweitens gibt es auch Ärger mit den Behörden, aber mit den richtigen Papieren und etwas Tricksen geht es mit dem Auto ganz einfach. Jetzt habe ich ein Grundstück in Spanien in Aussicht, wo ich vielleicht meinen Lebensabend verbringen möchte. Aber natürlich mit Hunden, denn ohne sie kann ich mir mein Leben gar nicht mehr vorstellen.«

## Und noch ein letzter Grund

Als ehrenamtlicher Seebestatter für Tiere, vornehmlich für Hunde\*, habe ich sehr viel mit traurigen Menschen zu tun, die sich gerade auf das nahende Ende ihres besten Freundes vorbereiten müssen. Denn meistens lerne ich Mensch und Hund schon kennen, bevor der Tierarzt die letzte Spritze setzt.

Ich sehe das Tier, ich sehe den Menschen, und ich spüre ihre tiefe Verbundenheit über den Tod hinaus. Wir sprechen über das »Danach«: über die Zeremonie, über das Catering an Bord, über die passende Musik und über die Abschiedsreden. All das ist herzlich empfundene Bestatter-Pflicht, aber es ist auch notwendige Routine. Das Wichtigere ist:

Die Menschen denken im Angesicht des nahen Todes ihres Tieres plötzlich an ihr eigenes Ableben. Es wird ihnen bewusst, dass auch ihre Zeit einmal ablaufen wird. Und erstmals machen sie sich klar, dass es schon morgen so weit sein kann. In einer Woche, in einem Monat, in einem Jahr, und nur mit Glück erst in Jahrzehnten. Deshalb bitten mich viele Hundehalter, sie dann an derselben Stelle ins Meer zu entlassen, wo jetzt schon ihr Hund seine letzte Ruhe finden soll. »Mensch und Tier im Tode vereint.« Das gibt ihnen Trost, und es hilft ihnen über die Trauer hinweg. Sie schreiben es sogar ins Testament: »Dort, wo mein Hund liegt, dort möchte auch ich see-bestattet werden.«

---

\* www.seebestattung-fuer-tiere.de

Die Wellen rauschen später über beide hinweg. Noch in aller Ewigkeit. Spuren der Asche von Mensch und Hund sind im Wasser, das verdampft, zum Himmel aufsteigt, niederregnet und neues Leben schafft …

Ich habe viel Zeit zum Nachdenken, wenn ich mit dem verstorbenen Tier quer durch Deutschland zum Tierkrematorium »Im Rosengarten« und danach zum Bestattungs-Schiff an der Nordsee fahre. Oft sitzt der trauernde Hundehalter auf diesem schweren Weg neben mir. Die Reifen fressen den Asphalt, hinten im schwarzen Bestatter-Anhänger ruht der vom Leiden erlöste Hundekörper bzw. seine erkaltete Asche in einer Urne, und wir reden und reden.

Die Menschen erzählen viel von ihren Tieren, von ihrem Verhalten, ihren Eigenheiten und von besonders schönen Erlebnissen, die sie niemals vergessen werden. Aber unter Tränen erzählen sie auch davon, wie der Hund sie selbst verändert hat! Wie er so manch ein hartes Herz erweichte! Wie sie sogar zum Glauben zurückfanden angesichts des nahen Endes! Wie sie gebetet haben, vielleicht zum ersten Mal nach vielen Jahrzehnten. Plötzlich gibt ihnen der Glaube Kraft. Und sie möchten ihn nie mehr verlieren.

# Nachwort

Ich schreibe dieses Buch mit einem Lächeln«, so begann ich das Vorwort. »Ich schreibe dieses Nachwort mit einem gequälten Lächeln«, so schreibe ich nun. Dazwischen liegen viele Gespräche mit Hundefreunden und -haltern und ein Hunde-Unfall, der mich selbst erwischt hat. Ich will nicht jammern, aber diese Anekdote gehört irgendwie dazu. Sie dürfen übrigens lächeln.

Leichtsinnigerweise war ich ohne Taschenlampe unterwegs. Aufgeschreckt durch eine aggressive Ratte beim letzten Gassigehen in stockdunkler Nacht gab mein 70 Kilo schwerer, aber doch recht flinker Hund am ersten Hochzeitstag seines Herrchens plötzlich und unerwartet Fersengeld und riss mich buchstäblich von den Latschen, da ich einen Moment unaufmerksam war und die Leine nicht rechtzeitig loslassen mochte oder konnte. Es brach mir einige Rippen und zerriss die für ein unbeschwertes Leben unbedingt notwendige Verbindung zwischen Schulter und Schlüsselbein. Man implantierte mir eine Titanplatte in die Schulter. Es wird wohl nie mehr so, wie es einmal war.

Kein Grund zum Jammern. Aber ein guter Grund, um Ihnen noch einmal einzuschärfen, was so oder ähnlich schon im Vorwort steht: Ein Hund macht zwar Spaß, aber er *macht* keinen Spaß (und das ist durchaus kein Widerspruch). Er ist *kein* Schmusetier, auch wenn er gerne schmust. Und er ist *kein* Kinderspielzeug, so gut er auch für Kinder ist. Auch wenn er viel kleiner ist als meiner, so kann er doch jederzeit eine Menge

Unheil anrichten. Lassen Sie sich durch dieses liebevolle Hundebuch also nicht zu etwas verführen, was Sie später vielleicht überfordert. Rechnen Sie stets mit dem Schlimmsten. In jedem Hund steckt mal ein Wolf und mal ein mindestens ebenso unberechenbarer Hosenscheißer. Seien Sie stets auf der Hut. Nur dann wird alles gut. Und jetzt viel Spaß mit Ihrem nächsten – oder mit Ihrem ersten Hund.

Hauke Brost

www.haukebrost.de

# Danksagung

Ein dicker verbaler Hundeknochen geht stellvertretend für alle Hunde, die in diesem Buch vorkommen, an: »Ali« (Bullterrier), »Anja« (Bernhardiner), »Anja« (Schäferhund), »Bingo« (Dobermann), »Bronco« (Schäferhund / Collie), »Bronx« (Pitbull / Rhodesian Ridgeback), »Django« (Ungarischer Hirtenhund / Schäferhund), »Hasso« (Schäferhund-Mischling), »Hummel« (Rauhaardackel), »Lady« (Stafford / Pitbull), »Rex« (Bernhardiner / Schäferhund), »Stummel« (Danish Jack Russel), »Whisky« (Schäferhund) und natürlich (und nur im Alphabet zuletzt) an »Zero vom Wiehen« (Neufundländer), genannt »Fender« alias »Mäuschen«, »Dicker«, »dickes Mäuschen«, »kleines dickes Mäuschen«, »Großer«, »Baby«, »verfressenes Ungeheuer«, »Angeber«, »Dreckschleuder«, »faule Socke«, »kleiner Rocker«, »Spinner«. Ihm ist es übrigens egal, wie man ihn ruft. Er ist niemals beleidigt. Sondern er findet alle Namen toll.

# Die Bestseller von Hauke Brost

Der einen Hälfte der Menschheit die andere Hälfte zu erklären – das ist die Spezialität des vielfachen SPIEGEL-Bestsellerautors Hauke Brost. Und er weiß, wovon er spricht. Der geschiedene und glücklich wieder verheiratete Vater von drei Söhnen und insgesamt fünf Patchwork-Kindern lebt nun mit seiner Frau, zwei Hunden, einer Katze und einem Hasen in Hamburg und auf einem alten Bauernhof auf der Nordseeinsel Pellworm.

Hauke Brost
**WIE FAMILIEN TICKEN**
*111 Fakten, die aus allen Eltern, Kindern und Großeltern*
*Familienversteher machen*
ISBN 978-3-89602-919-5

Hauke Brost
**WIE DIE LIEBEN KOLLEGEN TICKEN**
*111 Fakten fürs Überleben im Haifischbecken*
ISBN 978-3-89602-790-0

Hauke Brost
**WIE SINGLES TICKEN**
*111 Fakten, die Sie für Ihre nächste Beziehung wissen müssen*
ISBN 978-3-89602-750-4

Hauke Brost
**WIE TEENIES TICKEN**
*111 Fakten, die aus allen Eltern Teenie-Versteher machen*
ISBN 978-3-89602-770-2

*Als Bonus das Buch des Sohnes von Hauke Brost:*
Maximilian Brost
**WIE VÄTER TICKEN**
*111 Fakten, die aus Söhnen & Töchtern*
*Väter-Versteher machen*
ISBN 978-3-89602-874-7

*Ausführliche Informationen auf www.schwarzkopf-schwarzkopf.de*
*Die Bücher von Hauke Brost sind überall im Buchhandel erhältlich.*     SCHWARZKOPF & SCHWARZKOPF

# Die Diva unter
## den Haustieren